铼 化 学

房大维 著

科 学 出 版 社

北 京

内 容 简 介

稀散元素铼是一种重要的战略资源，对国民经济及社会发展具有重要意义。本书以铼的化学特点为基础，分别对铼的化合物种类、性质、提取工艺、分析方法以及应用特点进行简明扼要且适度的论述。本书参考了国内外近年来铼化学领域的相关研究成果。全书共分 5 章。第 1 章为概括性内容，重点阐述铼及其化合物的种类与相关应用，以及铼的提取回收技术。第 2 章以铼的化学反应特点为基础，重点介绍铼化合物的合成及其化学反应。第 3 章概括总结铼及其化合物的性质。第 4 章对铼的定量分析方法进行综述。第 5 章重点介绍铼化合物的应用。

本书可供稀散元素化学领域的科研人员、工程技术人员使用，也可供相关专业的高校师生参考。

图书在版编目(CIP)数据

铼化学 / 房大维著. —北京：科学出版社，2021.11
ISBN 978-7-03-069112-5

Ⅰ. ①铼…　Ⅱ. ①房…　Ⅲ. ①铼-金属材料　Ⅳ. ①TG146.4

中国版本图书馆 CIP 数据核字（2021）第 108944 号

责任编辑：张　震　张　庆　韩海童 / 责任校对：樊雅琼
责任印制：吴兆东 / 封面设计：无极书装

科学出版社 出版
北京东黄城根北街 16 号
邮政编码：100717
http://www.sciencep.com

北京厚诚则铭印刷科技有限公司 印刷

科学出版社发行　各地新华书店经销

*

2021 年 11 月第　一　版　开本：720×1000　1/16
2022 年 1 月第二次印刷　印张：9
字数：155 000

定价：99.00 元

（如有印装质量问题，我社负责调换）

序

“稀散元素”是苏联科学界的命名法，包括镓、铟、铊、锗、硒、碲、铼七种元素，它们在地球中储量稀少且无独立矿物，分散于其他有色金属矿物中伴生共存，因此以稀散（rare-scattered）得名。自然界中稀散元素多以类质同象，少数以微量杂质状态存在于其他矿物之中，特别是较多伴生在铜、铅、锌、锡和铝等有色金属矿物、黄铁矿与煤矿之中，故其资源量随矿物的储量而变化。我国有色金属及煤是优势产业，与之紧密伴生的稀散元素资源也相当丰富。

我于 1960 年至 1962 年在苏联列宁格勒大学（现圣彼得堡大学）留学，期间跟随格日·诺维科夫教授从事稀有元素化学研究；归国后，1968 年参加沈阳冶炼厂硫酸工程大会战项目，从铅锌冶炼体系中成功提取稀散金属铟，并通过了辽宁省科技厅的技术鉴定。而后，辽宁大学以稀有元素化学开始本科招生，开启了辽宁大学稀散元素研究的大门。

截至目前，铼是自然界中最后一个被发现的天然元素，其名称（Rhenium）取自莱茵河。铼是一种银白色金属，其熔点在所有已知元素中继钨和碳之后，位居第三，沸点则居首位，密度排第四位。因此，铼被用于高温合金部件，可显著提高涡轮叶片等零部件的性能。同时，铼具有优异的化学性能，可用于石油炼化、工业催化等诸多领域。铼及其化合物已成为现代科技发展的重要支撑材料。

铼的化学研究是一个意义深远的课题，需要广大科研工作者深耕精琢。作为一本铼化学领域的专业书籍，希望该书对相关科学研究和新材料制备起到积极的推进作用。

宋玉林

2021 年秋 于辽宁大学

前　言

铼是稀散元素的一种，具有极高的熔点和沸点。铼是一种极其稀有且高度分散的贵金属元素，在地壳中的丰度为 10^{-9} 数量级。铼主要分布在辉钼矿、斑铜矿中，且多数以微量伴生于钼、铅、铜、锌、铂、铀等矿物之中。在与铼伴生的元素中，钼的性质与铼极为相似，所以提高铼与钼的分离系数是工业中富集提取铼的关键。现阶段，铼主要从钼冶炼和铜冶炼的副产物中富集并分离提纯。

铼是现代航空发动机产业的重要战略资源。铼及其合金、化合物具有特殊的光、电、磁等特性，因而被广泛用于电子通信、航空航天、能源以及生命科学等领域，成为现代科技发展的一类重要支撑材料。此外，铼及其化合物还具有特殊的催化性能，可应用于石油炼制、化工合成、汽车尾气催化净化等领域。目前，全球铼产量约 80%都用于制造航空喷气发动机的高温合金部件，约 20%应用于工业催化等领域。

本书以铼的化学特点为基础，系统介绍铼及其化合物的性质、合成方法及应用，并总结概括了近年来国内外铼化学领域的相关研究成果。本书共分 5 章，内容包括概述、铼化合物的合成及其化学反应、铼及其化合物的性质、铼的定量分析方法及铼化合物的应用。

本书由房大维撰写并统稿，井明华、刘娜、马晓雪、秦鑫冬和宋宗仁参与了相关工作。在此向所有参与人员和提供帮助的人士表示感谢！

由于作者水平有限，书中难免存在不足，欢迎广大读者批评指正。

房大维

2021 年 1 月

目　录

第1章 概　　述

稀散元素（rare-scattered elements）全称是稀有分散元素，一般是指在地壳中含量很低（10^{-6}～10^{-9}数量级）、在岩石中极为分散的元素，包括铼（Re）、锗（Ge）、铊（Tl）、镓（Ga）、铟（In）、硒（Se）、镉（Cd）和碲（Te），且均为伴生矿产。铼（Re）是1925年由德国学者沃尔特·诺达克（Walter Noddack）等通过光谱法在铂矿和铌铁矿中发现的，并以拉丁文Rhenus命名，意为莱茵河。铼是一种稀有且高度分散的金属元素，位于化学元素周期表第六周期第VII B族，属于过渡金属。铼的电子构型为$[Xe]4f^{14}5d^{5}6s^{2}$，主要氧化态为+3、+4、+5、+7。1930年，费·菲特从德国曼斯菲尔德铜冶炼厂的烟尘中用水浸-高铼酸钾沉淀-重结晶净化法首次回收铼[1]。铼在地壳中的丰度仅为10^{-9}数量级，自然界中含铼的矿物稀少，铼资源主要分布在辉钼矿（ReS_2）和斑铜矿（$CuReS_4$）中，且多数以微量伴生于钼、铅、铜、锌、铂、铀等矿物之中。在与铼伴生的元素中，铼和钼的性质极为相似，所以提高铼与钼的分离系数成为工业上富集、提取铼的关键。迄今为止，铼主要从钼冶炼和铜冶炼的副产物中富集、分离和提纯。

据统计，铼在世界上的总资源量为7300～10300t，目前已被探明的铼约2600t，其中很大部分（约93%）的铼分布在西半球上。在组成上来说，已探明的储量中有约99%的铼是与辉钼矿或硫化铜等矿物共生的。因此，铼多集中于盛产铜和钼的国家，其中包括智利、美国、俄罗斯、哈萨克斯坦等，其中智利的铼储量最多（约1400t），占世界总探明储量的一半以上。美国地质调查局公布的2015年全球铼储量分布比例见图1-1。从全球铼储量的分布情况看，智利占据了全球超过一半的铼储量，达到了52.00%，其次是美国，占比为15.60%，其他国家加起来只占据了32.4%的铼储量，不到三分之一。在2013～2018年，铼的消耗量以每年3%的数值增长。全球铼的回收再利用率也在持续增加，据估计现在每年全球铼的回收量约为30t，德国、美国、日本在铼资源回收再利用方面处于领先地位。

我国铼资源的保守储量为237t，铼资源分布见图1-2。我国的铼产量较低，年产出量仅为2t左右，而且铼的消耗量也相对较低。但据业内人士评估，我国未来对铼的需求量会大幅度上升，市场前景十分广阔。

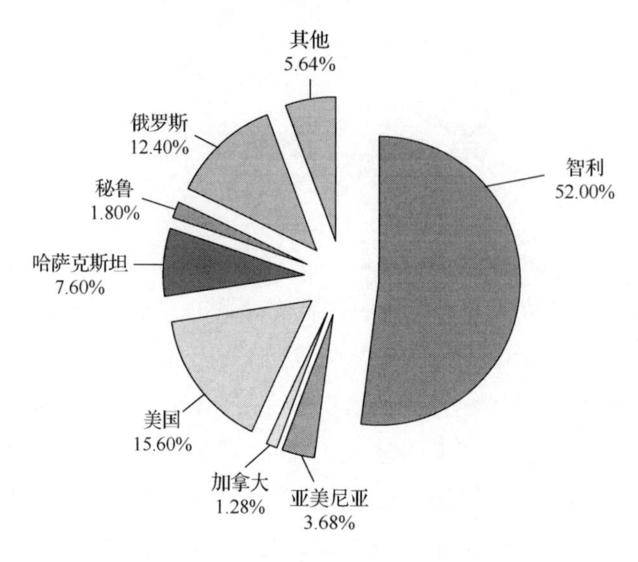

图 1-1 2015 年全球铼储量分布比例

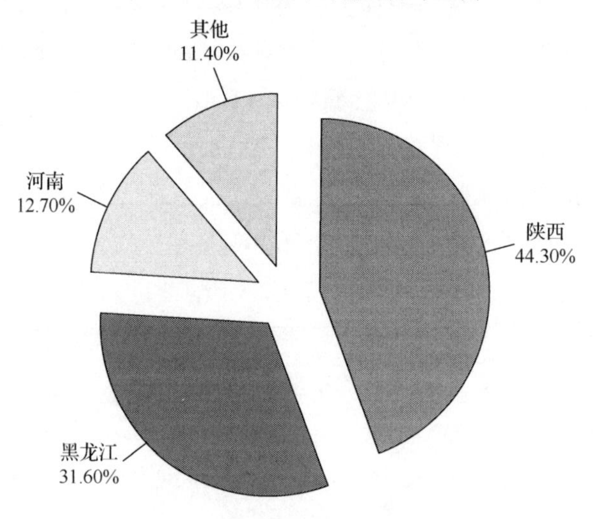

图 1-2 中国铼资源储量分布比例

1.1 铼及其化合物

1.1.1 金属铼

铼是一种银白色金属，而铼粉在低温下呈黑色，在 1000℃会变为灰色。铼是难熔化的贵重金属，其熔点为 3180℃，在金属中仅低于钨（3308℃），居所有金属的第二位。铼的密度居锇、铱、铂之后排第四位，为 21.0g/cm^3。铼的蒸气压很低，很难挥发。铼与钨的不同之处在于铼具有优异的塑性和可成型性，常温下易压延成片，能够在遇冷时变形。变形后随温度的升高会发生不同程度的加工硬化，但在保护介质中或真空退火后，又可恢复塑性。铼具有优异的高温强度和抗蠕变性能，且低温下硬度和延展性良好。铼主要应用于航空航天工业中的镍-铼高温合金、铼高温涂层材料、核反应堆的铼系合金、电子工业的钼铼、钨铼等材料[2]。

金属铼能经受多次加热和冷却而不失其强度，强度稳定性远远高于钨和钼。它还具有良好的硬度、机械稳定性、抗蠕变性、耐热冲击性、耐腐蚀性等优异性能。铼在常温的空气中稳定，当加热到 150～300℃时开始氧化，到 600℃以上氧化过程变得激烈，最终转化为易挥发的铼酸酐 Re_2O_7。铼既不与氢反应，也不与碳或氮反应。铼的基本物理性质见表 1-1[3-5]。

表 1-1 铼的基本物理性质

参数	数值	参数	数值	参数	数值
原子序数	75	相对原子质量	186.207	原子体积/（cm^3/mol）	8.9
原子半径/nm	1.371	离子半径/nm	0.72（+4） 0.61（+6） 0.60（+7）	密度/（g/cm^3）	21.02（s） 18.9～21.04（1）
熔点/℃	3180	沸点/℃	5885～5900	电负性	1.46
主要氧化态	+3,+4,+5,+7	比热容/（J/(mol·K)）	25.73	挥发潜热/（kJ/mol）	740.25
熔化潜热/（kJ/mol）	33.1	热导率/（kJ·s·℃/cm）	0.180（s）	电阻率/（Ω·cm）	10.3×10^{-6}
电阻温度系数/℃	3.11～3.95（0～100℃）	超导态转变温度/K	1.7	磁化率/CGS	69.7×10^{-6}（s）
电导率/（Ω·cm）	0.051×10^{-8}	电子排列	$[Xe]4f^{14}5d^56s^2$	蒸气压（2225℃）/Pa	1.57×10^{-4}
表面张力/（N/m）	2.61～2.70	线性膨胀系数/K^{-1}	0.47×10^{-5}～1.245×10^{-5}	HB 硬度/（kg/mm^2）	200
拉伸强度极限/（kg/mm^2）	50	相对拉伸率/%	24	第一电离势/eV	7.88～7.89
第二电离势/eV	13.6～16.6	第三电离势/eV	26.0	第四电离势/eV	37.7～38.0

金属铼在冷的（不高于 100℃）的盐酸、硫酸及氢氟酸中不会被腐蚀，但能溶于硝酸及过氧化氢，生成高铼酸：

$$3Re + 7HNO_3 \xlongequal{} 3HReO_4 + 7NO\uparrow + 2H_2O \tag{1-1}$$

$$2Re + 7H_2O_2 \xlongequal{} 2HReO_4 + 6H_2O \tag{1-2}$$

铼在高于200℃时可与硫酸反应，在水溶液中多以ReO_4^-或$ReOCl_5^{2-}$的形式存在，其中ReO_4^-于酸或碱溶液中均可稳定存在。热碱液（尤其当存在氧化剂情况下）可慢慢溶解铼，生成高铼酸盐或铼的氧化物[3-5]。

铼也溶于含氨的过氧化氢溶液中，生成高铼酸铵：

$$2Re + 2NH_3 + 4H_2O_2 = 2NH_4ReO_4 + 3H_2\uparrow \tag{1-3}$$

铼在常温下即能与S(g)反应生成ReS_2，加热到700℃以上反应显著加快。铼也能与卤素中的F、Cl反应生成ReF_6、ReF_7、$ReCl_4$、$ReCl_5$等化合物。

1.1.2　铼的硫化物

常见的铼的硫化物有Re_2S_7与ReS_2，具有良好的稳定性[3]。

（1）七硫化二铼Re_2S_7。

Re_2S_7，深褐色至近似黑色，属正方晶系（a = 1.368～(1.37 ± 0.03)nm，c =（1.024 ± 0.066）nm)，通常由H_2S在酸性或碱性的高铼酸钾溶液中生成沉淀制得。

它在氮或一氧化碳气氛中加热到460℃时会发生分解，生成ReS_2及气态硫：

$$Re_2S_7 = 2ReS_2 + 3S\uparrow \tag{1-4}$$

在空气中将Re_2S_7加热到500～600℃时会发生氧化，生成Re_2O_7：

$$2Re_2S_7 + 21O_2 = 2Re_2O_7\uparrow + 14SO_2\uparrow \tag{1-5}$$

氢气在常温下可将Re_2S_7还原为ReS_3，升温可将其还原为ReS_2，当继续加热到500℃以上时可进一步还原为Re[3]。

Re_2S_7不溶于H_2O、浓HCl、H_2SO_4、HClO及碱中，但可被碱金属硫化物及氨等溶液溶解：

$$Re_2S_7 + Na_2S = 2NaReS_4 \tag{1-6}$$

硝酸、过氧化氢及溴水等可将Re_2S_7转化为$HReO_4$。Re_2S_7能吸收苯及甲苯等有机溶剂而释放强烈臭味。

（2）二硫化铼ReS_2。

在所有铼的硫化物中，ReS_2的稳定性最好。ReS_2可由Re_2S_7热分解或Re与硫在850～1000℃下直接反应制得。ReS_2呈黑色，属六方晶系（a = 0.314nm，c = 1.220nm)，在常温的空气中稳定，温度高于180℃时开始氧化，到275～300℃时会发生燃烧而强烈氧化，生成Re_2O_7：

$$2ReS_2 + \frac{15}{2}O_2 = Re_2O_7\uparrow + 4SO_2\uparrow \tag{1-7}$$

加热条件下，ReS_2 可被氢气还原为 Re。在 13.3Pa 的真空条件下，温度高于 1000℃时，ReS_2 开始发生分解，至 1200℃完全分解为 Re 和 S：

$$ReS_2 = Re + 2S \tag{1-8}$$

ReS_2 难溶于水、碱、碱金属硫化物、盐酸及硫酸，但在加热时可被硝酸、稀硝酸及过氧化氢氧化成 $HReO_4$。

（3）其他铼的硫化铼。

Re_2S_3 及 ReS 均为黑灰色粉末，在空气中稳定。在硝酸和双氧水中，Re_2S_3 及 ReS 的稳定性要优于 Re_2S_7 及 ReS_2。

1.1.3　铼的氧化物

铼的氧化物有 ReO_4、Re_2O_7、ReO_3、Re_2O_5、ReO_2、Re_2O_3 及 Re_2O 等，其中铼酸酐 Re_2O_7、三氧化铼 ReO_3 及二氧化铼 ReO_2 具有较好的稳定性。铼的高价氧化物一般呈酸性，低价氧化物一般呈碱性。Re_2O_7[3,5]是一种应用较为广泛的铼氧化物，易挥发，极易与水作用形成 $HReO_4$，可用于铼的回收。铼的氧化物性质见表 1-2[1,3]。

表 1-2　铼的氧化物性质

性质	Re_2O_7	ReO_3	ReO_2
密度/（g/cm³）	6.1～8.2	6.9～7.4	11.4～11.6
沸点/℃	361	614	1363
颜色	淡黄色	红色	深褐色
高温性质	600℃以上发生分解；高于 800℃完全分解；可被 CO 或 SO_2 还原；400℃以上可被氢气还原	300～400℃的惰性气体下分解为 Re_2O_7 和 ReO_2；易被氢气还原	750～1000℃时分解为 Re_2O_7 和 Re；高于 500℃时可被氢气还原
溶液性质	易与水作用生成 $HReO_4$ 可溶于乙醇、甲醇、丙酮、吡啶等有机溶剂，不溶于醚和四氯化碳	溶解于硝酸并生成 $HReO_4$；难溶于水、硫酸、盐酸及碱；与过量 KOH 作用可生成 $KReO_4$ 和 $HReO_4$	难溶于水和硝酸；可溶于浓的卤族酸；易与氧化剂作用生成 $HReO_4$

铼的其他氧化物，如 ReO_4，为无色易挥发的氧化物，其密度为 8.4g/cm³，可被 SO_2 还原。通入 H_2S 时会生成气态单质 S 及黑色的 Re_2S_7：

$$2ReO_4 + 8H_2S = Re_2S_7 + S\uparrow + 8H_2O \tag{1-9}$$

ReO_4 在氢气中剧烈加热时，可被还原为低价氧化物，但不会还原为金属铼：

$$ReO_4 + 2H_2 = ReO_2 + 2H_2O \tag{1-10}$$

ReO_4遇水生成过氧化氢及高铼酸，在此过程中没有氧气生成：

$$2ReO_4 + 2H_2O \xlongequal{} 2HReO_4 + H_2O_2 \tag{1-11}$$

ReO 和 Re_2O 呈黑色，多以水合物的形式存在。ReO 长期暴露于空气中可被缓慢氧化，可与盐酸或碱反应，易溶于硝酸和溴酸。Re_2O 可溶于盐酸和溴水，不溶于碱液。

1.1.4 高铼酸与高铼酸盐

（1）高铼酸 $HReO_4$。

$HReO_4$是强一元酸，可由 Re_2O_7溶于水制得。$HReO_4$为无色液体，其化学性质稳定，与 $KMnO_4$或 HCl 相比具有极弱的氧化性。$HReO_4$可与锌、镁、铁等金属反应放出氢气：

$$2HReO_4 + Mg \xlongequal{} Mg(ReO_4)_2 + H_2\uparrow \tag{1-12}$$

它还可与一系列金属的氧化物、氢氧化物及碳酸盐发生中和反应生成相应的铼酸盐：

$$2HReO_4 + Na_2O\text{（或 }K_2O\text{）} \xlongequal{} 2NaReO_4\text{（或 }KReO_4\text{）} + H_2O \tag{1-13}$$

$$3HReO_4 + Al(OH)_3 \xlongequal{} Al(ReO_4)_3 + 3H_2O \tag{1-14}$$

$$2HReO_4 + CuCO_3 \xlongequal{} Cu(ReO_4)_2 + H_2O + CO_2\uparrow \tag{1-15}$$

$HReO_4$是一种难还原化合物，一般不能被氢还原，但可被 SO_2还原。向含有浓硫酸或盐酸（10%盐酸）的 $HReO_4$溶液中通入 H_2S，会生成 Re_2S_7：

$$2HReO_4 + 7H_2S \xlongequal{} Re_2S_7 + 8H_2O \tag{1-16}$$

（2）高铼酸钾 $KReO_4$。

$KReO_4$为白色、无水的正方双锥晶体，密度为 4.38～4.89g/cm^3，熔点为 518～（552±2）℃，沸点为 1370～1538℃。$KReO_4$在高温条件下难以分解，当通入氢气后，$KReO_4$可在加热条件下分解为 ReO_2和 Re。$KReO_4$在水中的溶解度很小，当向其水溶液中引入 KOH 或 KCl 时会进一步降低其溶解度，利用此方法可以重结晶提纯铼。

（3）高铼酸钠 $NaReO_4$。

$NaReO_4$为无色盐，密度为 5.24g/cm^3，熔点为 300～414℃。它在空气中受热至 1000℃时不分解，但在真空中加热至 500℃以上会部分分解。$NaReO_4$易溶于水，吸湿性较强，这与 $KReO_4$有明显不同。

（4）高铼酸铵 NH_4ReO_4。

NH_4ReO_4 为白色盐，密度为 3.55～3.97g/cm^3，熔点为 365℃。加热到 365℃时，NH_4ReO_4 开始发生分解，并生成易挥发的 Re_2O_7 和黑色 ReO_2 残渣。氢气可将高铼酸铵完全还原为金属铼，此法也被广泛用于铼的提纯。NH_4ReO_4 可溶于水，当溶液中存在 NH_4Cl 时，NH_4ReO_4 的溶解度会随 NH_4Cl 浓度的增加而急剧减小。在接近 0℃的条件下，过量的 NH_4Cl 会使高铼酸铵析出。

常温下，上述铼酸盐在水中的溶解度大小顺序为

$$NaReO_4 > NH_4ReO_4 > KReO_4$$

1.1.5 铼的卤化物

铼与卤素能形成一系列+4 价至+7 价的卤化物和卤氧化物[1]，主要卤化物的性质见表 1-3[3]。

表 1-3 铼的主要卤化物的性质

性质	$ReCl_4$	ReF_4	$ReCl_5$	ReF_5	ReF_6	$ReCl_6$	ReF_7	$ReOF_4$	$ReOCl_4$
熔点/℃	180	124.5	220	48	18.5	29	48.3	108	30.5
沸点/℃	—	300	360	221.5	33.7	—	73.7	171	228
颜色	黑	蓝	深棕	黄绿	柠檬黄	棕绿	鲜黄	蓝	褐
形态	单斜晶体	四方晶体	单斜晶体	—	立方晶体	—	立方	晶体	晶体

（1）五氯化铼 $ReCl_5$。

$ReCl_5$ 为深褐色固体，由氯气与金属铼在高于 400℃的反应温度下制得，在潮湿空气中会发生水解反应而冒烟，加热时会变成深红棕色气体。通氧气会发生下述化学反应：

$$16ReCl_5 + 14O_2 \xlongequal{\quad} 10ReOCl_4 + 6ReO_3Cl + 17Cl_2\uparrow \tag{1-17}$$

$ReCl_5$ 与 KCl 共熔，会生成 K_2ReCl_6：

$$2ReCl_5 + 4KCl \xlongequal{\quad} 2K_2ReCl_6 + Cl_2\uparrow \tag{1-18}$$

$ReCl_5$ 溶解在酸中得到绿色的 $HReO_4$ 溶液和 H_2ReCl_5 溶液，在碱中会发生分解反应：

$$3ReCl_5 + 16NaOH \xlongequal{\quad} NaReO_4 + 2[ReO_2\cdot 2H_2O] + 15NaCl + 4H_2O \tag{1-19}$$

（2）三氯化铼 $ReCl_3$。

在 200℃以上 $ReCl_5$ 可分解生成红黑色的 $ReCl_3$，其在常温空气中稳定，加热时会氧化：

$$6ReCl_3 + 7O_2 \xlongequal{} 4ReO_3Cl + 2ReOCl_4 + 3Cl_2 \quad (1\text{-}20)$$

在 500～550℃时，$ReCl_3$ 可直接挥发为暗绿色气体。在真空中升华后可冷凝成粉色 $ReCl_3$ 细粒。在 200～300℃的温度条件下，$ReCl_3$ 可被氢气还原成金属铼，可被氯气氧化为 $ReCl_5$。到 600℃时，$ReCl_3$ 可与 KCl 发生下述反应：

$$4ReCl_3 + 6KCl \xlongequal{} 3K_2ReCl_6 + Re \quad (1\text{-}21)$$

$ReCl_3$ 可与过氧化氢反应生成 $HReO_4$。可溶于热的硝酸及盐酸，且在酸性介质中可被 $Fe_2(SO_4)_3$ 氧化。长时间将 H_2S 通入 $ReCl_3$ 溶液会产生铼的硫化物沉淀，通入 NH_3 可析出粉红色沉淀，通入过量 NH_3 后沉淀会重新溶解而呈蓝色。

（3）一氯三氧化铼 ReO_3Cl。

ReO_3Cl 在室温下的蒸气压为 560Pa，在氯气及氧气中易挥发，在潮湿空气中会烟化与水解。200℃以下，气态 ReO_3Cl 可维持良好的热稳定性。

（4）四氯一氧化铼 $ReOCl_4$。

$ReOCl_4$ 可不经熔化即挥发，遇水可分解为 $HReO_4$、HCl 及 $ReO_2\cdot nH_2O$，与冷的浓盐酸作用可形成易分解的 H_2ReOCl_6 溶液。

铼的氟化物比较稳定，含氧氟化物除 $ReOF_3$ 外，ReO_3F、ReO_2F_2、ReO_2F_3、$ReOF_4$ 及 $ReOF_5$ 等均易在潮湿空气中烟化，且易水解。铼的溴化物和碘化物目前较难获得。

1.2 铼及其化合物的应用概述

铼是人类发现最晚的天然元素，目前已普遍应用于现代工业，且发挥着至关重要的作用。铼是现代航空发动机的重要战略资源。因其具有特殊的催化性能，铼还可应用于石油炼制、化工合成、汽车尾气催化净化等领域。铼的生产和消费长期保持稳定，其市场需求与高新技术产业的发展密切相关。世界铼产量为 50～60t/a，我国铼产量为 3～4t/a。铼的主要消费国有美国（20～25t/a）、俄罗斯（约 5t/a）和日本（2～3t/a）[2]。

（1）催化剂。

铼催化剂约占铼产品总量的 20%。在铼的电子构型中，其不饱和的 4d 层的 5 个电子易于失去，6s 层的 2 个电子易于参与反应形成共价键，且其晶格参数较大，这些特性使得铼及其化合物普遍具有优异的催化活性，可应用于石油化工行业的催化反应，这也是其主要用途之一。Pt-Re/Al_2O_3 常用作石油重整催化剂，以生产高辛烷值的无铅汽油。采用含铼量更高的 0.1%～0.3%Pt-0.1%～0.7%Re/Al_2O_3 型催化剂，可以有效抑制 Pt 的晶粒增长、提高催化活性、降低成本[6]。

在高温条件下，铼在氢气和惰性气体中具有耐蚀性，适用于催化加氢领域，如 SiO_2 负载 $KReO_4$ 催化剂。铼还可以抵抗盐酸、硫酸和海水的腐蚀。在石化工业中，铼-铂等催化剂对众多化学反应都具有很高的选择性，常用于高辛烷值烃的重整。以氧化铝为载体，加入 0.3%的铼和 0.3%的铂制备铼-铂催化剂，可以显著提高铂催化剂的使用寿命、拓宽其使用范围。此外，铼基复分解催化剂也具有良好的应用前景，是各种多相催化剂中最具活性和吸引力的烯烃复分解催化剂。铼系催化剂比钨、钼催化剂更能耐受羰基和烷氧基等官能团，通常由 Re_2O_7 和 CH_3ReO_3 沉积在 C-Al_2O_3、SiO_2-Al_2O_3、TiO_2 和 Nb_2O_5 上制得[7]。

铼的硫化物可用作甲酚及木素等的氢化催化剂。Re_2S_7 对于 SO_2 转化为 SO_3 及 HNO_2 转化为 HNO_3 的反应表现出优异的催化性能；NH_4ReO_4/C 可用作环己烷脱氢的催化剂；Pt/Re 催化剂可用于催化生产氮肥和炸药；丙烯腈作为生产腈纶的重要原料，其唯一生产方法就是丙烯氨氧化法。铼用于催化丙烯氨氧化，可使丙烯腈的单收率大于 81.2%，选择性大于 80%，且极少产出氢氰酸。另外，在 100℃下用 Re/Cu 催化如下反应可得到甲烷，产率约为 31.8%：

$$CO_2 + 4H_2 = 2H_2O + CH_4 \tag{1-22}$$

（2）高温合金材料。

铼是难熔的金属材料，熔点极高，在金属中位列第二。铼合金，如 Re-Mo、Re-W、Re-Pt、Re-Ni-Me 等具有耐高温、抗腐蚀、耐磨损的优点，是铼重要的应用领域之一。近些年，铼在合金领域的用量已超过催化剂，约占其总用量的 80%，预计需求量还会增长。铼能有效改善超耐热合金在高温（1000℃）条件下的强度性能，因此可用于制造发动机涡轮叶片和燃气轮机涡轮等高温部件，成为国防、航空航天领域的重要材料。

另外，铼的引入能够显著改善钨、钼合金的可加工性、理化及热电特性等，这种现象称为“铼效应”。含铼 50%的 Re-Mo 合金具有较高的延展性，易于热、冷加工，在 196℃以上可进行焊接。含铼 24%的 Re-W 合金也具有良好的延展性，与纯钨金属相比，其具有较低的脆向延展性转变温度。Re_{25}-W 曾用作空间站核反应堆材料，后来发展为性能更好的 Re_{30}-W-Mo_{30} 合金。Re-Pt 可用于原子能反应堆的结构材料，能够抗载热体（1000℃高温下）的腐蚀，也可用作辐射防护罩。Re-Mo 合金是一种难熔化的金属，具有优异的高温强度和抗蠕变性能，且在低温下能够保持良好的硬度和延展性，主要用于航空航天工业、高温涂层材料、核反应堆以及电子产业等[2]。

在镍基高温合金中加入铼，可以显著提高其抗蠕变性能、疲劳性能和抗氧化性能。因此，在飞机工业中，铼常用于单晶镍基高温合金涡轮叶片、表面密封转子的涂层、燃气涡轮发动机的空气涡轮启动机部件及扩散屏障[1]。将铼添加到NiAl合金中，可以在不影响抗氧化性的情况下有效改善其机械性能。Bochenek采用两种粉末冶金技术（HP和SPS）制备了NiAl/Re合金[8]。少量的铼（0.6%、1.25%、1.5%）就可以使NiAl合金的弯曲强度增加一倍，断裂韧性提高60%，而NiAl晶粒边界的铼颗粒是增强其断裂韧性的重要原因。

铼具有高机械强度，可用来制作超音速飞机及导弹的高温高强度部件及隔热屏。含铼的Rh-Ir合金机械性能显著提高，在航空航天及导弹方面具有广阔的应用前景。火箭发射时会在短时间内产生接近于铼熔点的高温，进入空间站后温度又会急剧降至零度以下，只有采用具有优良抗蠕变性能的铼及铼合金才能适应这种严苛的服役环境[9]。因此，铼是制备喷气式发动机涡轮叶片和火力发动机涡轮叶片的重要材料。此外，铼用于火箭发动机排气喷嘴的保护涂层，可以经受100000次的热疲劳循环而不失效，从而有效提高发动机效率并延长使用寿命。20世纪80年代，美国国家航天局下属的Ultrament公司通过化学气相沉积（chemical vapor deposition，CVD）法在石墨表面镀上金属铼涂层，用于火箭发动机的燃气舵。金属铼和石墨间具有良好的结合力，所得的复合材料表现出优异的热相容性，其熔点也要高于其他的硬金属碳化物，且在废气存在下具有优异的稳定性。

铼的添加可以改善电子束焊接钼钛锆合金接头的组织和力学性能。在钼钛锆合金焊接接头中加入Re中间层，可使焊缝变窄，晶粒细化，强化钼钛锆合金接头的焊接区，抑制微裂纹的萌生和扩展。随着Re质量分数的增加，接头的拉伸强度逐渐提高。当焊接区Re的质量分数达到48.7%时，接头的拉伸强度可达524MPa，断裂位置也从焊接区转移到热影响区[10]。

铼合金还可用于制作坩埚、加热元件、电磁铁、热电偶等测温加热元件。用Re_3-W及Re_{25}-W制作的热电偶，温度与热电动势呈现出良好的线性关系，测温可以准确到2485℃，热电动势达1012mV，远高于Pt-Rh/Pt热电偶；在真空或惰性气体介质中，可测温度高于2700℃，价格低于Pt-Rh/Pt。Re-Mo热电偶可测温到3000℃。W/W-Re_{26}热电偶可测温到2760℃。用铼合金制作的加热元件，使用寿命高于钨或钼合金的5～10倍。铼合金还可用于制作高温测量仪的专用弹簧，以满足高温条件下对其灵敏度和抗变形特性的要求。

（3）电子元器件。

铼的电阻温度系数随温度升高而降低，铼与钨、钼或铂族金属所组成的合金因具有优异的热稳定性和热电性能，在高温电子元器件中得到了广泛应用。表面涂敷含5%～20% Re或$KReO_4$涂层的钨丝，在改善钨丝脆性的同时，又增大其延展性及电阻，常用于制作真空技术及易振动场所的电子器件或灯丝。用Re-Pt制成的电接触器，因其高效率和抗烧蚀的特性，可在高温腐蚀性介质中工作。钨的接触器在高温与潮湿环境下易形成不导电的WO_3薄膜，在700℃下会完全丧失电接触器的导电性能，而Re-Pt电接触器即使在1000℃的高温下仍能正常工作。

（4）耐热涂层。

由于铼的高熔点、耐腐蚀和耐磨特性而被广泛用于涂层材料。Re-Ni、Re-Mo或Re-W可用作仪器元件、火箭弹头及发动机等的涂层材料，也可用于可靠性高的航天、航空器的控制仪表涂层。涂敷有$KReO_4$涂层的钨丝具有优异的高温机械强度、较长的使用寿命以及良好的成形性能。NH_4ReO_4常用作高反射性镜面的涂层。

（5）生物医用。

^{186}Re和^{188}Re为放射性核素，将其与特定配体结合可以为不同疾病提供针对性的放射治疗。每一种放射性同位素都具有独特的属性，使其适合于摧毁特定大小的肿瘤。^{188}Re中的高能、长程β粒子可以高效根除大肿瘤；而^{186}Re中的低能、短程β粒子更适于破坏小肿瘤，且副作用小。采用中子照射铼的方法能够同时产生^{186}Re和^{188}Re，杂质含量较少，产物的活性足以满足放射性药物的要求[11]。

1.3 铼的提取回收技术

稀散金属铼大多聚集于斑岩性铜钼矿床的辉钼矿及铜精矿中，存在形式多为硫化物。铼难以从矿石原料中直接分离提取，其主要回收原料为辉钼矿或铜精矿经氧化焙烧后产生的废渣（烟尘）、淋洗液及烟气。

以辉钼矿为回收原料，在焙烧过程中，最初会发生铼硫化物的分解、升华：

$$Re_2S_7 = 2ReS_2 + 3S(l) \quad \Delta G_T = 21960-27.4\,T \tag{1-23}$$

$$ReS_2 = Re + 2S(l) \quad \Delta G_T = 66980-39.8\,T \tag{1-24}$$

$$ReS_2(s) = ReS_2(g) \quad \Delta G_T = -22690 - 0.092T \tag{1-25}$$

随后，铼的硫化物几乎被完全氧化为挥发性和水溶性较强的高价铼氧化物Re_2O_7，且在300～400℃时全部挥发，进入烟气中[12]。脱硫反应如下：

$$2Re_2S_7 + 21O_2 = 2Re_2O_7 + 14SO_2 \tag{1-26}$$

$$4ReS_2 + 15O_2 = 2Re_2O_7 + 8SO_2 \tag{1-27}$$

铼在辉钼矿中呈类质同象，因此硫化钼也会同时被氧化，在氧量充足时会进一步促使铼挥发：

$$2MoS_2 + 7O_2 = 2MoO_3 + 4SO_2 \tag{1-28}$$

$$Re_2S_7 + 18MoO_3 = 18MoO_2 + 2ReO_2 + 7SO_2\uparrow \tag{1-29}$$

$$ReS_2 + 7MoO_3 = 7MoO_2 + ReO_3 + 2SO_2\uparrow \tag{1-30}$$

$$ReS_2 + 6MoO_3 = 6MoO_2 + ReO_2 + 2SO_2\uparrow \tag{1-31}$$

$$4ReO_2 + 3O_2 = 2Re_2O_7 \tag{1-32}$$

$$4ReO_3 + O_2 = 2Re_2O_7 \tag{1-33}$$

含有Re_2O_7的烟气依次流经干式电收尘器或旋风收尘器和淋洗塔后，少量铼会冷却进入烟尘中，其余多数的铼（质量分数约85%）在循环淋洗过程中会被水溶液吸收，生成高铼酸（$HReO_4$）溶液[13]：

$$Re_2O_7 + H_2O = 2HReO_4 \tag{1-34}$$

上述工艺适用于铼的质量分数低的辉钼矿（含铼20～30g/t），在生产三氧化钼的同时附带提取铼。特别注意的是，当炉气中的SO_2浓度较高且焙烧炉的温度低于300℃时，一些Re_2O_7会被还原为低价氧化物ReO_2和ReO_3，妨碍Re_2O_7的吸收，从而直接影响铼的回收率。因此要确保焙烧炉的温度在300℃以上，且炉内空气充足。此外，在铼的质量分数高的辉钼矿中，Re_2O_7会与辉钼矿中ReS_2、MoS_2等发生反应，产生低价铼氧化物。因此炉型的影响也不可忽视，在设计时应尽可能降低它们的接触概率。相关反应如下：

$$Re_2O_7 + 3SO_2 = 2ReO_2 + 3SO_3 \tag{1-35}$$

$$Re_2O_7 + SO_2 = 2ReO_3 + SO_3 \tag{1-36}$$

$$ReS_2 + 2Re_2O_7 = 5ReO_2 + 2SO_2\uparrow \tag{1-37}$$

$$ReS_2 + 7Re_2O_7 = 15ReO_3 + 2SO_2\uparrow \tag{1-38}$$

$$2Re_2O_7 + MoS_2 = 4ReO_2 + 2SO_2\uparrow + MoO_2 \tag{1-39}$$

$$6Re_2O_7 + MoS_2 = 12ReO_3 + 2SO_2\uparrow + MoO_2 \tag{1-40}$$

1.3.1 湿法冶炼

1. 化学沉淀法

（1）氧化焙烧-沉淀铼。

氧化焙烧-沉淀法是最早的铼提取工艺。利用溶解度的差异，通过调节溶液pH或者向溶液中添加沉淀剂，使铼形成难溶的沉淀物，从而实现分离。此方法原理简单、操作简便，但铼的回收率不高。

在高铼酸溶液中加入 K^+ 或 NH_4^+沉淀铼是工业上分离铼的常用方法。首先分别在低温（400～500℃）和高温（500～600℃）下焙烧钼精矿 9h，用布袋收集所生成的含有 ReO_3、ReO_2、Re_2O_7 及少量 ReS_2 的烟尘。用 60℃的水吸收烟尘（水∶烟尘= 4L∶1kg），随后利用过氧化氢将含铼化合物氧化（过氧化氢∶烟尘=0.4L∶1kg），得到 $HReO_4$ 溶液。利用 CaO 调节溶液 pH≥8，分离出 $CaMoO_4$，并最终将溶液中 Re 的质量浓度浓缩至 20g/L。在恒温搅拌条件下，加入 KCl 得白色的 $KReO_4$ 沉淀：

$$HReO_4 + KCl \Longrightarrow KReO_4\downarrow + HCl \tag{1-41}$$

为了提高 $KReO_4$ 沉淀的纯度，可用热的（90℃）KCl 溶液将其重新溶解，再冷却至 0℃以下进行重结晶，得到 $KReO_4$ 晶体。此法对铼的总回收率可以达到 69.00%～69.10%[14]。

在控制液固比为8∶1的条件下[15]，采用硫酸溶液浸出含铼烟尘（含铼0.05%～0.14%），并添加质量分数为 8%的 MnO_2 助溶。

$$Re_2O_7 + H_2O \Longrightarrow 2HReO_4 \tag{1-42}$$

$$MoO_3 + H_2SO_4 \Longrightarrow (MoO_2)SO_4 + H_2O \tag{1-43}$$

过滤后，调节溶液 pH≥8，并向滤液中添加石灰乳除去 Mo，从而实现铼的富集。

$$2HReO_4 + Ca(OH)_2 \Longrightarrow Ca(ReO_4)_2 + 2H_2O \tag{1-44}$$

$$(MoO_2)SO_4 + 2Ca(OH)_2 \Longrightarrow CaSO_4\downarrow + CaMoO_4\downarrow + 2H_2O \tag{1-45}$$

$$H_2SO_4 + Ca(OH)_2 \Longrightarrow CaSO_4\downarrow + 2H_2O \tag{1-46}$$

将溶液中的铼浓缩至 10～15g/L，加入 KCl 搅拌，生成的白色沉淀即为 $KReO_4$。进一步将 $KReO_4$ 用氢还原，可制取灰色铼粉，产率高达 85%。

（2）特效试剂沉淀铼。

以辉钼矿氧化焙烧后的烟尘为原料，用水将烟尘浸出，调节浸出液的 pH 为 8～8.5，再用经苯稀释的甲基紫（ZCl）作为有机沉淀剂，得到 $ZReO_4$ 沉淀，此法可富集 91%～97%的铼[16]：

$$HReO_4 + ZCl = ZReO_4\downarrow + HCl \quad (1\text{-}47)$$

将 $ZReO_4$ 沉淀用稀 ZCl 洗涤后，再用 200g/L 的 NH_4OH 溶液与其反应，生成 NH_4ReO_4 溶液和 ZOH 沉淀：

$$ZReO_4 + NH_4OH = ZOH\downarrow + NH_4ReO_4 \quad (1\text{-}48)$$

过滤后将滤液浓缩结晶，即可得到高铼酸铵（NH_4ReO_4）。ZOH 沉淀经盐酸处理可再生成甲基紫（ZCl）有机沉淀剂，从而实现特效沉淀试剂的再循环利用。

$$ZOH + HCl = ZCl + H_2O \quad (1\text{-}49)$$

2. 离子交换法

当溶液中铼的质量浓度在 0.05～0.5g/L 时，宜采取离子交换法[17]。离子交换法是利用离子之间的静电引力作用，将离子交换树脂上的阴离子与水相中的 ReO_4^- 进行等摩尔交换，ReO_4^- 选择性吸附在树脂上，形成离子缔合物，从而实现与其他离子分离的目的[18]。常用于提取铼的离子交换树脂有 Amberite IR-4B、AB-17×8、AH-21 等，洗脱剂有 HBr + NaOH、NaOH、NaCl + NaOH、$NH_4OH + NH_4SCN$、NH_4SCN 等。离子交换树脂操作相对简便、成本低廉，在分离富集领域受到了广泛关注。然而，如何提高树脂的固有选择性和稳定性是限制其应用的关键。

由于铼在溶液中多以 ReO_4^- 的形式存在，且溶液的酸碱性并不影响离子交换树脂的使用，因此提取铼多用阴离子交换树脂。洗脱时需选择比离子交换树脂吸附性更强的阴离子溶液，以实现回收铼的目的。阴离子交换树脂可分为 3 种：弱碱性阴离子交换树脂、强碱性阴离子交换树脂和螯合型阴离子交换树脂。树脂通常具有可再生循环利用的优点。

（1）弱碱性阴离子交换树脂提取铼。

弱碱性阴离子交换树脂通常含有 NH_2—、RNH—、R_2N—等活性基团，水解后可电离出 OH^-，故呈弱碱性。弱碱性阴离子交换树脂仅限于在酸性或中性（pH= 1～9）环境下使用。

D301 树脂为大孔结构的苯乙烯-二乙烯苯共聚体上带有叔胺基[-N(CH_3)$_2$]的离子交换树脂。利用大孔型弱碱性阴离子交换树脂 D301 吸附 H_2SO_4-$(NH_4)_2SO_4$

溶液中的铼[19]，在 pH=4～6 范围内，铼、钼的分配系数随 pH 的增加而逐渐增大。铼、钼在树脂 D301 上分离的最适宜酸度为 pH = 4，此时分离系数 $\beta_{Re/Mo}$ 最大，为 2277。由 Freundlich 等温吸附式所得铼、钼的吸附式分别为 $Q_{Re} = 0.734C_{Re}^{0.153}$、$Q_{Mo} = 0.0512C_{Mo}^{0.240}$，表明树脂 D301 对铼的吸附性远强于钼。树脂 D301 对铼的饱和吸附容量可达 650mg/g，实际吸附容量为 244mg/g。解吸过程可依次使用 10% $(NH_4)_2CO_3$ 和 8% $NH_3 \cdot H_2O$+10% NH_4NO_3 溶液来替代 NH_4SCN，分步洗脱的方法可以达到更好的分离效果，且具有经济环保的优势。此法对铼的总回收率高于 96%。

三乙烯四胺类互通网络弱碱树脂 NR-3，在碱性介质中对 ReO_4^- 表现出良好的选择性吸附能力[20]。在 pH =10 的条件下，铼的分配系数最大。同时，树脂 NR-3 对铼具有高度选择吸附性，只吸附铼，不吸附钼。吸附反应为放热反应，在低温下能够自发进行。树脂 NR-3 对 ReO_4^- 的吸附行为服从 Freundlich 等温吸附式，静态和动态饱和吸附容量分别为 894mg/g 和 937mg/g。选取 8% $NH_3 \cdot H_2O$+10% NH_4NO_3 作为洗脱剂，可以得到高达 97.82%的铼洗脱率。

以苯乙烯和二乙烯基苯为原料，可制得具有多孔和无孔结构的阴离子树脂，用于经高温冶金和硝酸处理的含铼钼精矿的 HNO_3-H_2SO_4 溶液中铼（VII）和钼（VI）的分离[21]。首先采用树脂 AN-82-14G 和 AN-105-14G 对含钼溶液中的铼进行选择性提取，并用 10%的 $NH_3 \cdot H_2O$ 进行解吸回收；再用多孔树脂 AN-82-10P 和 AN-105-10P，从 HNO_3-H_2SO_4 溶液中提取 Mo，并用 7%的 $NH_3 \cdot H_2O$ 解吸回收，此法对铼和钼的回收率分别高达 97.00%和 99.99%。

弱碱性阴离子交换树脂 IRA-67、A172 和 A170 的结构及官能团差异决定了它们对铼吸附能力的不同[22]。将三者用于回收含钼和砷杂质的酸性硫酸盐溶液中的铼，结果表明，具有复合胺官能团的凝胶型漂莱特树脂 A172 具有最佳的选择吸附性能，但氨水难以洗脱树脂 A172 上的铼。具有大孔结构的漂莱特树脂 A170 对铼的吸附能力与树脂 A172 几乎相同，但选择性较差。具有叔胺官能团的凝胶型 IRA-67 对铼的吸附容量和选择性比漂莱特树脂 A172 和 A170 要低得多。

弱碱性阴离子交换树脂 D301，在 HAc-NaAc 缓冲体系中，pH = 2.7 的条件下表现出对铼的最佳吸附效果[23]。在 298K 温度下，树脂 D301 对铼的饱和吸附容量可达 715mg/g。使用 4.0mol/L 的 HCl 溶液作为洗脱剂可以实现 100%的铼洗脱率。树脂 D301 可再生再利用，且吸附容量不会明显降低。树脂 D301 对铼（VII）的吸附行为符合 Freundlich 等温吸附式，反应初始阶段的表观吸附速率常数为 k=

$7.2\times10^{-5}\,s^{-1}$，吸附反应为放热反应，$\Delta H = -4.4kJ/mol$。

烟尘中的铼大都经淋洗后入液，研制适用于吸附烟气淋洗液中铼的高性能离子交换树脂尤为重要。研究表明[24]，弱碱性阴离子交换树脂 ZS70 对烟气淋洗液中的铼表现出优异的吸附选择性，且吸附容量优于常用的强碱性阴离子交换树脂 201×7 和 D201，其饱和吸附容量为 60.4mg/g。对于低温、高浓度铼的烟尘淋洗液，树脂 ZS70 表现出更高的铼平衡吸附量，而高温、低浓度铼的烟尘淋洗液则更利于铼在树脂ZS70上的分配比。选取2.5%或5%的氨水作为洗脱剂，解吸率近100%。

随着科技水平的不断进步，各种新型的功能型树脂应运而生。树脂 R-518[25]就是一种新型的功能型弱碱性阴离子交换树脂。树脂 R-518 在酸性介质中吸附铼服从 Freundlich 等温吸附式。盐酸物质的量浓度为 0～0.5mol/L 时吸附效果最佳，反应为吸热反应，吸附速率常数为 k=$1.17\times10^{-2}\,s^{-1}$。铼的饱和吸附容量为 327.4mg/g。以 2～3mol/L 盐酸作为洗脱液富集铼时，表现出最佳的洗脱效果。此外，树脂 R-519[26]是一种适用于在弱酸性介质中吸附铼的功能型弱碱性阴离子交换树脂。树脂 R-519 对铼的吸附过程同样服从 Freundlich 等温吸附式。盐酸物质的量浓度为 0～0.1mol/L 时吸附效果最佳，吸附反应为放热反应，ΔH=−5.884kJ/mol。分配比与温度和盐酸浓度成反比例关系。树脂 R-519 对铼的饱和吸附容量为 354.9mg/g，以高氯酸作为洗脱液，可以实现最佳的富集效果。在此基础上，研究人员又相继开发了 F_1、F_2、F_3 三种功能型弱碱性阴离子交换树脂[27-29]，并研究了它们对 ReO_4^- 的提取性能。研究表明，这三种树脂的吸附平衡服从 Freundlich 等温吸附式。酸度是影响 ReO_4^- 吸附率的关键因素，且两者成反比例关系，当酸度为 0.2mol/L 时吸附效果最佳。三种树脂中 F_1 型的饱和吸附容量最大，F_1、F_2 型树脂的吸附过程为吸热反应，ReO_4^- 的分配系数随温度升高而增大；F_3 型树脂的吸附过程为放热反应，降低温度更有利于吸附反应的进行。

阴离子交换树脂 D318 可以选择性地富集铼（VII）[30]，当 pH 为 5.2 时，达到吸附平衡所需的时间为2h，且在298～313K 的温度区间内，树脂 D318 对铼（VII）的吸附速率与温度无关。在 298K 和 313K 的温度条件下，树脂 D318 的静态和动态吸附容量分别为 351.4mg/g 和 366.5mg/g。吸附行为遵循 Freundlich 等温吸附式，速度决定步骤为液膜扩散过程。硫氰酸钾溶液（KSCN，2.0mol/L）做洗脱液表现出优异的洗脱效果，脱附率高达 99.7%。此外，树脂 D318 还具有可再生的优势。

（2）强碱性阴离子交换树脂提取铼。

强碱性阴离子交换树脂通常含有 R_3N—等活性基团，适用于任何酸度条件。在阴离子为SO_4^{2-}和NO_3^-的溶液中，强碱性阴离子交换树脂对铼的吸附容量和分配系数都要优于弱碱性阴离子交换树脂。

大孔型强碱性阴离子交换树脂 D296[31]，可以在不预处理其他共存金属离子的条件下，直接选择性吸附分离辉铜矿焙烧废液中的ReO_4^-。当废液中的硫酸质量浓度为 1.0～2.0mol/L 时，可以实现高于 99%的铼提取率。D296 树脂对铼的饱和吸附容量为 248.9mg/g，以 2.5mol/L 的 NH_4SCN 溶液为洗脱液，洗脱效果最佳。

树脂 D 296 从酸性含铼溶液中吸附铼[32]，可以达到 97.91%的吸附率，适宜酸度条件为 pH = 1.5，对铼的饱和吸附容量为 114.0mg/g。以 8%～10% 的 NH_4SCN 溶液解吸负载在树脂上的ReO_4^-，经冷却结晶后可得 NH_4ReO_4 晶体。

含铼钼精矿经沸腾氧化焙烧后，流经水淋洗塔，固液分离后得到烟尘浸出液，其中的铼主要以ReO_4^-的形式存在。201×7 为苯乙烯-二乙烯苯共聚体上带有季铵盐功能基团[—$N^+(CH_3)_3$]的强碱性阴离子交换树脂。采用强碱性凝胶型离子交换树脂 201×7 吸附分离浸出液中的铼和钼[33]，最佳酸度条件为 pH = 8～9，铼的表观饱和吸附容量为 92mg/g。以 1mol/L 的 HNO_3 溶液作为洗脱液，可以将树脂中的铼有效洗脱，质量浓度约为 4.5g/L。

辉钼矿的焙烧过程致使铼发生氧化并进入烟气，烟气经淋洗吸收后会形成铼的质量浓度为 0.4～0.6g/L 的淋洗液。201×7 凝胶型强碱性阴离子交换树脂亦可在碱性介质中吸附富集其中的铼。当溶液介质的 pH=8.5～9.0 时，会得到较好的吸附效果及较大的分离系数 $\beta_{Re/Mo}$，铼的上柱率高于 98%。待树脂达到吸附饱和后，可选用 9%～11%的 NH_4HSO_4 溶液作为解吸剂，其在 60～70℃下可实现高于 95%的铼解吸率[34]。

采用 AB-17×8г 强碱性阴离子交换树脂吸附烟气淋洗液中的铼，待铼在树脂上达到饱和后，应首先选取 3% NaOH + 10% NaCl 溶液（或 3%～10% NaOH 或 5% NH_4OH + 6% NH_4Cl）洗脱 Mo，然后用 1mol/L NH_4OH +3% NH_4SCN 溶液洗脱富集铼，洗脱率可以达到 90%～99%。洗脱液经浓缩结晶后可获得高铼酸铵晶体，铼的回收率高于 96%。

强碱性阴离子交换树脂 201×7 对铼有良好的吸附分离效果，将其应用于树脂矿浆（resin in pulp，RIP）湿法冶金工艺[35]，通过浸出、吸附、洗脱等操作可以从辉钼矿中有效地回收和分离铼。该工艺具有选择性高、工艺流程短、成本低、环境友好等优点，铼的浸出率可以达到 95%。待吸附饱和后，用 1mol/L 稀硝酸洗脱富集铼，回收率可达 90%。

N-甲基咪唑功能化的强碱性阴离子交换树脂，对铼（VII）和钼（VI）特别是铜砷滤饼具有较好的吸附分离性能[36]。在 pH=6.25 的条件下，其对铼（VII）的回收率高达 93.3%，对钼（VI）的回收率仅为 5.1%，从而实现铼（VII）与钼（VI）的有效分离。对于铜砷滤饼样品进行回收，可以得到 89.1%的铼（VII）回收率。

（3）螯合型阴离子交换树脂提取铼。

螯合型阴离子交换树脂法是利用活性组分与 ReO_4^- 形成螯合物，从而实现铼的吸附富集，进而使用特定试剂来破坏螯合作用，将 ReO_4^- 解吸，从而实现回收铼的目的。目前较为常见的是凝胶型含 S、N 的螯合型阴离子交换树脂。

4-氨基-1,2,4-三氮唑螯合型阴离子交换树脂（4-ATR）对铼（VII）具有良好的吸附效果。在 298K 的 HAc-NaAc 缓冲体系中，当 pH = 2.6 时，4-ATR 树脂对铼（VII）表现出最佳的吸附效果，饱和吸附量为 354mg/g，且吸附过程服从 Freundlich 等温吸附式，吸附速率常数为 $k = 8.2\times10^{-5}s^{-1}$，吸附焓为 $\Delta H = -11.8kJ/mol$。洗脱剂可用 1.0～5.0mol/L 的 HCl 溶液，且物质的量浓度为 4.0mol/L 时可以达到 100%的洗脱率。此外，4-ATR 树脂可再生重复利用，且再生后其吸附能力不会明显降低[37]。

研究表明，螯合树脂中的氮含量对铼的吸附容量有显著影响[38]。采用氮含量不同的四类凝胶型螯合树脂 Pz_1、Pz_2、Pz_3 和 IPN 对铼进行分离回收，四类树脂均对铼表现出优异的吸附选择性。树脂中的氮含量与铼的吸附容量成正比，即吸附容量大小关系为 $Pz_1 > Pz_2 > Pz_3 >$ IPN，铼的洗脱率可达 98%[39]。

综上所述，强碱性阴离子交换树脂对铼的吸附能力强，但解吸较为困难。需用高浓度的高氯酸、硝酸或硫化氢铵溶液才能破坏 ReO_4^- 与离子交换树脂间的缔合作用，且解吸过程易引入次氯酸根、硝酸根等杂质离子，导致 NH_4ReO_4 纯度较低。此外，树脂经解吸后难以再生，循环使用性能较差。弱碱性阴离子交换树脂对铼的吸附能力较弱，但易于解吸，用较低浓度的氨水溶液即可将 ReO_4^- 从树脂上解吸出来，且不会引入其他杂质离子，可用于制备高纯度 NH_4ReO_4。螯合树脂在一定程度上提高了离子交换树脂的吸附选择性，但其合成方法烦琐且成本较高。

3. 溶剂萃取法

溶剂萃取法因其高效率、低耗损、工艺成熟、易机械化和自动化控制等优点，受到了国内外的广泛关注，工业上已普遍应用于从硫酸或盐酸介质中萃取铼[40]。其原理是基于溶质在不互溶的两种溶剂中的溶解度或分配系数不同，借助于萃取作用使溶质在溶剂之间进行转移，从而达到分离的目的。溶剂萃取法多用于在酸性溶液中分离提取铼，且依附于有机试剂的协同作用。

（1）胺类萃取剂。

胺类萃取剂是一种最为常用的萃取剂。因其 N 原子含有孤对电子，能与无机酸中的 H^+结合形成稳定的配位键，从而生成相应的胺盐。较为典型的有伯胺 R-NH_2、仲胺 RR'-NH、叔胺 RR'R''-N 和季铵盐类$[RR'NR''R''']^+A^-$，其中 R、R'、R''、R'''表示不同的烷基，A^-表示无机酸根。伯胺、仲胺、叔胺属于中等强度的萃取剂，须先与质子结合形成铵阳离子才能起到萃取作用；而季铵盐类萃取剂本身具有铵阳离子，在一般的溶液条件下就能实现离子的萃取分离。胺类萃取剂提取铼的性能虽好，但它既易成盐，又易溶于酸，因此通常需添加高碳的醇、TBP、MIBK 等助溶剂。

胺类萃取剂中应用较多的是叔胺萃取剂。采用三烷基叔胺 N235 萃取剂可以从含铼、钼的 HNO_3 溶液（含铼 200mg/L）中有效萃取 ReO_4^-[41]。由于萃取过程中所产生的胺盐溶解度较小，需加入助溶剂仲辛醇 $C_8H_{17}OH$。此外，加入煤油可以改变有机相的相对密度，有助于萃取分相。调节料液酸度至 1.5mol/L，用 20% N235 + 15% $C_8H_{17}OH$ + 煤油配成有机相，相比 O/A 为 1∶2（O 为有机相，A 为水相），萃取混合时间为 1min，可以达到较为理想的 ReO_4^- 的萃取效果。相应萃取机理如下：

$$R_3N_{(O)} + ReO^-_{4(A)} + H^+_{(A)} \Longrightarrow R_3N\cdot HReO_{4(O)} \quad (1\text{-}50)$$

选用浓度为 7mol/L 的氨水反萃铼，铼的反萃率大于 98%。反萃机理如下：

$$R_3N\cdot HReO_{4(O)} + NH_4OH_{(A)} \Longrightarrow R_3N_{(O)} + NH_4ReO_{4(A)} + H_2O_{(A)} \quad (1\text{-}51)$$

采用低浓度叔胺萃取剂 N235 从含铼 20mg/L 的污酸溶液中选择性萃取铼[42]。以 20% N235 + 40% $C_8H_{17}OH$ +煤油为有机相，相比 O/A 为 1∶30，进行三级逆流萃取，铼的萃取率达到 96%。反萃取时先用水洗富有机相，再用 4mol/L 氨水（O/A = 5∶1）进行反萃，铼的反萃率达到 96%。经浓缩结晶后，可得到 99%的高铼酸铵产品。

三正辛胺（trioctylamine，TOA）可从氯盐或硫酸介质中选择性提取铼。将含铼、钼的辉钼矿焙烧烟尘浸出液的酸度调节至 pH = 2，以 5% TOA + 5% $C_8H_{17}OH$ + 煤油为有机相，相比 O∶A 为 1∶5，对其中的 ReO_4^- 进行萃取，可以得到高达 99%

的铼萃取率。其萃取机理为

$$R_3N + H^+ + ReO_4^- \Longrightarrow [R_3NH^+][ReO_4^-] \quad (1\text{-}52)$$

反萃时先用 15g/L 的 $Na_2C_2O_4$ 溶液（O/A = 1∶1）反萃钼，钼的反萃率达到 99%；然后用 10%的氨水（O/A = 10∶1）进行二级反萃，铼的反萃率也达到 99%。产出的贫有机相用 1%的 HCl 溶液再生后可返回萃取段待用。

三烷基胺（N235，R_3N，R=C_8～C_{10}）和磷酸三正丁酯（tributyl phosphate，TBP）在庚烷中的混合物可以作为铼（VII）和钼（VI）的溶剂萃取体系[43]。铼（VII）的萃取发生在液-液界面，萃取动力学受化学反应速率的控制。与 N235 为单一萃取剂相比，混合体系的萃取效果明显提高，活化能显著降低。

N235 萃取剂在硫酸溶液中萃取铼的萃取率在 99%以上[44]。在水相中，于不同温度（278.15K、283.15K、288.15K、293.15K、298.15K 和 303.15K）和不同离子强度条件（0.2～2.0mol/kg）下，测定萃取后的过氯酸盐的物质的量浓度，用多项式逼近法可以得到标准萃取常数 K_0，并可对萃取过程中的一些微观现象进行研究。由此可推断出伯胺从碱性介质中萃铼的机理，即通过本身分子中的活性氢与中性给体基团配合，并与仲氢键缔合萃取高铼酸：

$$2ReO_4^- + 2H_2O + RH_{2(O)} + 2TBP_{(O)} \Longrightarrow RH_2 \cdot 2TBP(HReO_4)_{(O)} + 2OH^- \quad (1\text{-}53)$$

采用伯胺-中性磷酸盐混合萃取剂从含钼废液中回收有价金属铼[45]，可首先选用 15% 7301 + 2.5% $C_8H_{17}OH$ + 煤油萃取剂在相比 O/A 为 1∶2 的条件下共萃料液中的铼与钼，铼与钼的单级萃取率高于 94%。随后用 3%～4%的 NaOH 反萃，使铼与钼均进入反萃液中。当反萃液的 pH>9 时，铼与钼的反萃过程几乎完全完成。然后用伯胺-中性磷酸盐从反萃液中萃取铼，水相的 pH 值会显著影响伯胺的萃取性能，在 pH = 7～9 的弱碱介质中可实现铼、钼分离，分离系数 $\beta_{Re/Mo} > 10^4$。

二异十二烷基胺（diisododecylamine，DIDA）仲胺催化剂可用于从黑钨矿石的浸出液中提取铼，萃取有机相由体积分数为 15%的 DIDA 萃取剂（其中含 86% DIDA 和 14% TOA）和体积分数为 85%的煤油组成，进行两级萃取。负载有机相用浓度为 1∶1 的氨水反萃，铼、钼的回收率均高于 99%。有机相可用 10% 的硫酸再生，循环使用。

在碱性料液中提铼一般采用季铵盐萃取剂。季铵盐 7402（三甲基烷基氯化铵）可从含铼 1.6×10^{-3}mol/L 的钼酸铵溶液中萃取铼[46]。调整 pH=9～10，用 0.05mol/L 7402 + 10% TBP +煤油在相比 O/A 为 1∶3 的条件下进行四级逆流萃取，铼的萃取率大于 99%，铼、钼的分离系数为 6.6×10^6。有机相中的铼用 0.5mol/L

KSCN 溶液（O/A = 2∶1）进行反萃，铼的反萃率也大于 99%。贫有机相可用饱和 NaCl 溶液（O/A = 1∶1）再生后返用，经浓缩结晶后可得到纯度 99%以上的高铼酸钾产品。

季铵盐与 ReO_4^- 之间的离子缔合能力很强，用于铼、钼的分离不仅效果好，且分离系数高。但相应的铼离子的反萃较为困难，通常要用到硫氰酸铵进行反萃。

（2）膦类萃取剂。

常见的膦类萃取剂有 TBP、三辛基氧膦（trioctylphosphine oxide，TOPO）等。膦类萃取剂具有选择性高、萃取酸度低和易反萃等优点，但其萃取容量和分离系数较低。中性膦类萃取剂的萃取原理是：被萃取物以中性分子的形式与萃取剂结合，生成中性分子络合物进入有机相，从而达到分离目的。

在 HCl 体系中用 TPPO 萃取分离钼、铼，对铼（VII）的最佳萃取浓度为 6.78～7.91mol/L，对钼（VI）的最佳萃取浓度为 2.54～3.10mol/L[47]。在硫酸、盐酸、硝酸介质中可用 HBTA 萃取铼和钼，如在 1.5mol/L 的硫酸条件下，其对钼的萃取率为 93%～94%，对铼的萃取率为 99.4%[48]，萃取机理为

$$H_3O^+ + nHBTA + ReO_4^- + mH_2O = [H_3O \cdot mH_2O \cdot nHBTA]^+ ReO_4^- \quad (1\text{-}54)$$

TBP 已广泛应用于铼的萃取。当 TBP 在煤油中的浓度足够高时，会显著提升铼的萃取效果。但当用 100% TBP 或高浓度 TBP-煤油溶液为有机相时，会造成分相困难，并可能产生乳化现象。

在工业上可利用 TBP 萃取法来净化高铼酸钾，并使其转化成高铼酸铵。具体过程为：将高铼酸钾溶解于 0.3mol/L HCl 溶液中，调节其质量浓度约 8g/L，相比 A/O 为 0.35∶1；萃入有机相中的铼用氨水反萃取，最后从萃液中结晶出高铼酸铵。

TBP 萃取工艺也可用于制备高铼酸，工艺流程为：首先用硫酸将质量浓度为 25g/L 的高铼酸铵溶液的 pH 调节至 1，再用 50%的 TBP 甲苯溶液萃取 ReO_4^-，随后在 80℃条件下，用水反萃有机相中的 ReO_4^-，得到质量浓度为 70g/L 的高铼酸溶液。经过多次萃取与反萃操作，可以实现 ReO_4^- 与 NH_4^+ 的完全分离，最终得到浓缩 4 倍的含铼 300g/L 的高铼酸溶液[49]。

以 TBP 和 TOA 为萃取剂，可以在含钼的碱性溶液中提取铼，且经过重复地萃取和汽提，可以将钼中的铼完全分离出来[50]。煤油稀释的 TOA（20%）和 TBP（30%）混合物是一种高效的选择性萃取体系，当料液 pH 为 9.0、相比 O/A 为 1∶1 及室温条件下，其对钼的萃取率仅为 1.7%，对铼的萃取率则高达 96.8%，分离系数为 1.7103。在相比 O/A 为 1∶1 及 40℃条件下，加入 18%的氨水反萃 10min，

可得到99.3%的反萃率。

用溶剂萃取法从辉钼矿精矿焙烧烟尘洗涤液中回收铼，须预先除去钼，否则难以从洗涤液中回收铼。可首先使用二（2-乙基己基）磷酸-磷酸三丁酯（di(2-ethylhexyl) phosphate-tri-butyl-phosphate，D2EHPA-TBP）萃取体系提取钼，调节溶液 pH=1、O/A=1∶1，进行两级溶剂萃取，钼的提取率高达 99.8%。随后使用 TOA 在 pH=0.3、O/A=1∶20 的待萃液中进行单级萃取，可得到高达 99.6% 的铼萃取率。用 32%的氢氧化铵对有机相汽提，所得溶液经进一步蒸发可得到浓缩的纯化液，调节其 pH 至 6.5～7.0，即可从浓缩液中沉淀出高氯酸铵[51, 52]。

（3）酮类萃取剂。

酮类萃取剂不需要反萃取，与碱熔法配合使用，在分离地质样品中的铼等方面具有明显优势。但其萃取能力相对较低，目前仅限于岩石中微量铼含量的测定和分离[48]。

酮类萃取剂中的有效官能团是—C═O，常见的同类萃取剂的萃取能力顺序为丙酮 > 二苯甲酮 > 环己酮[53]。当待萃金属离子的浓度较低时，可得到较好的萃取效果。随着体系中 OH^-浓度的增大，酮类萃取剂对铼的萃取能力呈下降趋势。丙酮是较为理想的铼萃取剂，其可在大量钼共存条件下选择性地萃取铼。

4. 萃淋树脂法

萃淋树脂是一种含液态萃取剂的树脂，通常是利用干法、湿法或加入改性剂等方法将萃取剂以浸渍、混炼或合成的方式加在多孔材料上制得。常用的多孔材料有交联聚苯乙烯、聚四氟乙烯、纤维素和硅胶等。萃淋树脂的外形与一般圆球状离子交换树脂相同，圆球内的活性组分为萃取剂。萃淋树脂在提取金属的过程中兼具树脂和萃取剂的某些特性，也称作固-液萃取。用萃淋树脂提取稀有金属具有一定的发展前景，与溶剂萃取法相比，它可大大减少残留萃取剂对提取流程的影响及对环境的污染，但同时也存在树脂循环寿命短、吸附容量小等缺点[54]。

（1）含中性有机膦萃取剂的萃淋树脂。

中性有机膦萃取剂主要有 CL-TBP 和 P350 两种。含磷酸三丁酯萃取剂的 CL-TBP 萃淋树脂可从盐酸介质中吸附铼[55]。在盐酸浓度为 3.0mol/L 时，CL-TBP 萃取铼的吸附平衡服从 Langmuir 吸附等温式，吸附机理为离子缔合作用，其缔合物组成为$[H_3O^+ \cdot 3TBP] \cdot ReO_4^-$。CL-TBP 萃淋树脂对 ReO_4^- 的吸附容量为 37.2mg/g 干树脂，吸附过程为放热反应，$\Delta H = -31$kJ/mol。在常温下用蒸馏水即可洗脱铼，洗脱率高达98.1%，经吸附洗脱后，铼的富集倍数高达15.3。

用含60% TBP的CL-TBP萃淋树脂从硫酸介质中提取铼，其饱和吸附铼容量为0.05mg/g树脂，铼的吸附率为80%。用5倍饱和树脂体积的水解吸，可得含铼约9g/L的解吸液[1]。

P350萃淋树脂是由甲基膦酸二甲庚酯P350与苯乙烯-二乙烯苯共聚而成，它同时具有中性膦萃取剂和离子交换剂的性能。在pH < 1的高酸度溶液中，其对铼具有良好的吸附特性[56]。P350萃淋树脂可从硫酸介质中吸附铼[57]。以2mol/L硫酸为上柱液，4mol/L硫酸为淋洗液，在含有大量共存金属离子的溶液中，只有铼和金能够被树脂吸附；用2.5mL水可将铼一次性定量解吸，而金（Ⅲ）保留在柱上，从而使铼与铀、钼、铁、锰、铬、钛等金属离子分离。该吸附反应的热效应为$\Delta H = -30.87\text{kJ/mol}$，表明升高温度对吸附不利，因此在常温下使用P350萃淋树脂分离铼是可行的。

（2）含胺类萃取剂的萃淋树脂。

填充季铵氯化物A336的Amberlite XAD-4萃淋树脂可从硝酸溶液中提取铼[58]。当XAD-4萃淋树脂与甲基三辛基氯化铵A336的质量比为0.4时，该萃淋树脂对铼的提取效率最高。在单组分体系和铼-铑双组分体系中，XAD-4萃淋树脂对铼的最大吸附量分别为2.01mmol/g树脂和1.97mmol/g树脂，说明铑离子几乎不被萃取且其对铼离子的吸附性能影响较小。此外，硝酸溶液可作为洗脱剂将吸附的铼完全洗脱。

新型萃淋树脂PAN-A336是由甲基三辛基氯化铵A336填充在改性的聚丙烯腈（polyacrylonitrile，PAN）惰性载体中制得的，可用于铼的提取[59]。PAN-A336对铼的萃取在5～10min内即可达到平衡，且与商品化的季铵盐萃取色谱树脂（tetra-valent actinides，TEVA）相比具有更高的动力学萃取容量。TEVA树脂是将A336吸附在惰性聚合物基体Amerchrom CG-71上制得的萃淋树脂。另外，PAN-A336萃淋树脂的基体材料聚丙烯腈价格相对低廉，且能够根据需要制备不同粒径的PAN基体。

5. 吸附法

活性炭为多孔结构，结构膨松，比表面积大，吸附能力较强，它对铼的吸附属于物理吸附，容易解吸。活性炭能有效地分离铼、钼，主要影响因素为吸附液的温度和酸度。当pH > 6时，活性炭只吸附铼而不吸附钼，从而达到分离目的。

当 pH > 8.2 时，其对铼的吸附率达 96.1%，分离系数高于 3000。当温度从 20℃上升到 70℃时，铼的吸附率从 72%下降到 57.4%，故应选择在常温下吸附。活性炭的粒度对吸附效果也有一定影响，粒度小的活性炭吸附率较高。与萃取法和离子交换法相比，吸附法具有稳定性好、操作简单快速、价格低廉、环境污染小、分离效率高的优点，但其吸附容量较低，且抗干扰能力差。

含铼 155～240mg/L 的辉钼矿焙烧烟气淋洗低硫酸盐溶液，可用活性炭吸附法回收其中的铼。溶液先用石灰中和至 pH = 6～8，再用活性炭吸附铼。在 95℃下，使用浓度为 1mol/L 的氨水解吸，解吸液中含铼 2.8～3.2g/L，回收率约为 68%。

此外，聚 4-乙烯基吡啶树脂、苜蓿和黄芪等对铼或铼酸盐也具有一定的吸附效果[60, 61]。

6. *液膜法*

液膜分离富集技术具有高效、快速、选择性强的特点，是一种由萃取、膜分离等技术相互交叉融合所产生的新兴技术。液膜的溶胀会降低 ReO_4^- 的富集效果，加入液状石蜡可以增加膜相黏度，减少其溶胀，从而提高富集率。

用 TBP-异戊醇和冠醚二苯并-18-冠醚-6（DBC）为流动载体的液膜体系能迅速迁移、富集 ReO_4^-，使铼与共存的阴、阳离子完全分离，铼提取率在 99.4%以上。富集的 ReO_4^- 经过处理后，纯度可达 99.9% 以上[62]。

用 9% TBP + 1%异戊醇+ 3% L113B（表面活性剂）+ 3% 液态石蜡 + 84%磺化煤油制成油包水液膜，以 4% NH_4NO_3 为内相料液，2mol/L H_2SO_4 为外相料液，用于提取铼，可得高达 99.4%～99.9%的铼提取率[63]。

外相料液含 2mol/L 的 H_2SO_4、0.2～500mg/L 的 ReO_4^-，再加入 6%的 NaF 水溶液，按液膜∶料液 = 3∶5（体积比）的比例将液膜加入料液中，在 250r/min 下搅拌 8min，静置分层；料液中的铼将进入液膜内相，将上层有机相置于高压静电发生器中破乳 3min，再静置分层，此时上层为有机相，下层则为富集 ReO_4^- 的水溶液；从水相中提取铼，回收率高于 99.4%。

7. *电化学法*

在酸性溶液中，铼多以 ReO_4^- 的简单离子形式存在，而钼则以 $MoO_2(SO_4)_{n-2(n-1)}$ 及中性分子 $MoO_2SO_4·2H_2O$ 的形态存在。电渗析法的分离原理是在直流电场作用下，在 pH = 1 的酸性溶液中，ReO_4^- 易迁移至阳极区，而钼则相对难以迁移，从而达到铼、钼分离的目的。

以涂铂的钛电极为阳极，不锈钢或钛电极为阴极，隔膜为 MA-H_{JI} 非均相膜和 MK-100 均相膜，在电流密度为 170～200A/m 的条件下，对组成为 1.5g/L 铼、8.5g/L 钼及 65.0g/L SO_4^{2-} 的原液进行电渗析分离。动力学研究表明：1h 后，中间室溶液中铼浓度降低为原来的 50%，4h 后下降为原来的 3%～5%；而 80%～90% 的钼则留在中间室，从而实现铼与钼的有效分离[64]。采用离子交换膜的电渗析技术可以从酸度为 0.25～0.375mol/L 的硫酸含钼溶液中有效提取铼。

离子交换膜的性能对铼的迁移有显著影响。一般情况下，电渗析法的铼钼分离系数可达 10^3～10^4。对含铼 1.5g/L，NH_4OH 1.2mol/L 的料液采用两段电渗析，首段得到含铼 21g/L 的溶液，再经第二段电渗析可得到含铼 42～52g/L 的溶液，最终经浓缩结晶可制得 NH_4ReO_4[1,3]。

以镀铂的钛作为阳极，石墨片作为阴极，用 MAK-1 型阴离子交换膜、MKK-1 型阳离子交换膜作隔膜，将含有铼和硅的试液用盐酸及氨水中和至 pH = 5.5～6.0 后放入料池中，两极加上 600V 的电压，得到 200mA 的电流，当电流降为零时，停止渗析。在此条件下，铼会形成易通过阴离子交换膜的 ReO_4^-，从而进入阳极池，而硅易形成低溶解度的聚硅酸留存于料液中，由此便可实现铼与硅的有效分离[65]。

在 0.125mol/L NH_4ReO_4 + 0.01mol/L NaOH（pH=13.3±0.1）的碱性水溶液中，采用多晶铂和多晶金两种电极进行循环伏安研究，并在纯铜电极（99.9%）上电沉积铼及铼氧化物。实验结果表明，电结晶过程遵循氢吸附作用的多步机理，且在电沉积的材料中，稀土、氧化铈和氧化铼共存[66]。

8. 碱浸-置换法

含铼 0.003%的铜精矿用 100g/L 的 NaOH 溶液在控制液固比为 3∶1、100℃的条件下碱浸 1h，铜精矿中的铼有 50%～70%转入溶液，在室温下向滤液中加入锌板置换 1h，可获得含铼 0.1%的铼铅海绵物。碱浓度是影响置铼率的重要因素，若要获得较高的置铼率，碱浓度需高于 50g/L。得到的铼铅海绵物在 150℃左右通入空气氧化焙烧，氧化后的焙砂经浸出后，过滤浓缩可得含铼 15～20g/L 的溶液，加入 KCl 后可获得高氯酸钾沉淀，母液可用于浸取下一批氧化后的焙砂，铼的回收率为 50%～55%。

含铼 0.3%的辉钼矿焙烧烟道灰进行碱浸出，碱浸液用锌片置换，置换物在 150℃时通入空气氧化，用水浸取得到铼酸溶液。过滤后，溶液在含铼 15～20g/L

时，每升溶液投入 30g KCl，搅拌 10min 后，冷却到 10～12℃，静置后可获得白色的铼酸钾，母液可重新浸取下一批氧化后的置换物，综合回收率为 98%。

将含铼 0.015g/L 的 $HReO_4$ 碱浸后，加热到 80℃，用转动锌筒置换 2h，置换反应如下：

$$2ReO_4^- + 4H_2O + 3Zn = 2ReO_2\downarrow + 8OH^- + 3Zn^{2+} \quad (1\text{-}55)$$

所得的置换物呈暗棕或黑色，含两个结晶水。耗锌量为铼含量的 35～45 倍。

1.3.2 火法冶炼

1. *石灰焙烧-沉淀法*

石灰焙烧-沉淀法是指将辉钼矿（含铼约 0.0022%）进行氧化焙烧后，包含 Re_2O_7 的烟气流经旋风收尘器收尘。烟尘中的铼富集到 0.3%～1.6%，将其配以石灰（料重 70%～160%），在 570～670℃下焙烧 2～4h，主要产物为 $Ca(ReO_4)_2$ 和 $CaMoO_4$。反应大致如下：

$$Re_2O_7 + CaO = Ca(ReO_4)_2 \quad (1\text{-}56)$$

$$MoO_3 + CaO = CaMoO_4 \quad (1\text{-}57)$$

当焙烧料中 $Re_2O_7/CaO = 10$ 时，必然会生成 $Ca(ReO_4)_2$。这两种产物的溶解度有差异，$Ca(ReO_4)_2$ 溶于水，而 $CaMoO_4$ 难溶，从而可实现铼的分离提取：

$$Ca(ReO_4)_2 + 2H_2O = 2HReO_4 + Ca(OH)_2 \quad (1\text{-}58)$$

从石灰焙烧产物浸出液中提取铼的方法主要有两种[67,68]：一是经水浸出铼，浸出率为 86.9%，再采用萃取法或离子交换法富集铼；二是采用料重 0.9%的 H_2SO_4 配成稀酸溶液浸出焙烧产物，铼和钼会共同溶解至溶液中，两者的浸出率分别为 94% 和 98%，再采用萃取法或离子交换法从浸出液中分离提取铼。

石灰焙烧-沉淀法易于生产钼酸钙（$CaMoO_4$）和仲钼酸铵（$(NH_4)_6Mo_7O_{24}$）产品。此方法不仅能有效阻止钼和铼的硫化物在焙烧过程中的挥发，使钼和铼分别转化为难挥发的 $CaMoO_4$ 和 $Ca(ReO_4)_2$，还能使辉钼矿中其余硫化物全部转化成硫酸盐，有效解决了炉气中存在 SO_2 的危害问题[69]，但此法对于铼的回收率较低。

将钼精矿（含铼 0.03%～0.08%）配以石灰石在马弗炉内焙烧[70]，发生的反应为

$$4ReS_2 + 10CaO + 19O_2 = 2Ca(ReO_4)_2 + 8CaSO_4 \quad (1\text{-}59)$$

$$2MoS_2 + 6CaO + 9O_2 = 2CaMoO_4 + 4CaSO_4 \quad (1\text{-}60)$$

焙烧完成后，在 60℃左右用稀硫酸浸出焙烧产物，并加入氧化剂软锰矿强化

浸出、加快溶解，产物中的铼和钼将共同溶解至溶液中。过滤后，调控滤液的 pH 为 8～9，向其中添加生石灰则产生 $CaMoO_4$ 沉淀，从而实现铼和钼的分离。随后采用萃取法或离子交换法制得 NH_4ReO_4，铼的回收率高达 86%。

按 1∶1.6 的配比混合钼精矿（含钼 44.26%、铼 305g/t）与熟石灰（$Ca(OH)_2$），在 650℃下进行固化焙烧 2h，反应式如下：

$$2MoS_2 + 6Ca(OH)_2 + 9O_2 = 2CaMoO_4 + 4CaSO_4 + 6H_2O \tag{1-61}$$

$$4ReS_2 + 10Ca(OH)_2 + 19O_2 = 2Ca(ReO_4)_2 + 8CaSO_4 + 10H_2O \tag{1-62}$$

焙烧产物经稀酸浸出后，选取 201#碱性阴离子交换树脂吸附浸出液中的铼，再经硫氰酸胺淋洗，最终浓缩结晶可制取 $KReO_4$，铼的总回收率高达 91.23%[71]。

将富铼精矿与生石灰（CaO）按一定比例混合，在氧体积分数大于 30%的富氧空气中焙烧 2～8h，焙烧温度 400～900℃。经水浸出后（浸出温度为 40～100℃，浸出时间为 2～10h）过滤，向滤液中添加除杂剂碳酸铵，以清除 Ca^{2+} 和少量重金属离子。再过滤后，采用阴离子交换树脂（D296 或 D301）进行离子交换，最终经浓缩结晶可获得高铼酸铵（NH_4ReO_4），铼的总回收率可高达 99.4%[72]。

2. 高温氧化法

将含铼冰铜在高于 1200℃的温度下通入空气，氧化挥发 60～80min，即可使冰铜中的铼几乎全部挥发，随后用上述方法便可从相应的吸收液中回收铼。

1.3.3 国内外工业生产发展及现状

目前，工业上具有经济价值的提铼原料为铜精矿和辉钼矿。通常情况下，铜、钼混合矿床应首先使用常规浓缩技术（如泡沫浮选）将钼从铜中分离出来。经一次分离后，采用火法焙烧或湿法冶金加压氧化工艺生产三氧化钼（MoO_3），MoO_3 是生产商用钼产品的基本原料。在钼精矿的高温冶金焙烧过程中，会将其中的铼氧化为 Re_2O_7。Re_2O_7 极易挥发，在钼的焙烧温度下（900～950K），几乎所有的铼都会挥发而进入烟气中，随后被水浸出，利用溶剂萃取或离子交换法即可回收铼，通过进一步地浓缩结晶即可得到高铼酸铵（NH_4ReO_4）[9]。

总的来说，世界各国用于回收铼的主要工艺大多与酸溶液有关。在对辉钼矿或铜精矿进行火法冶金过程中会产生烟尘混合物，将其用水吸收后便形成了相应的提铼酸性溶液原料。使用该工艺回收铼的主要国家有智利、美国、俄罗斯和中国[73]。

Kennecott 工艺是一种传统的工业提铼方法。钼焙烧产生的烟气被水淋洗吸收后生成高铼酸溶液。将母液在洗涤器回路中连续循环，直至铼浓度不低于100mg/L[74]。然后用 NaOH、纯碱和 $Ca(ClO)_2$ 对溶液进行连续 24h 的处理。为了将溶液中残留的其他污染物（主要是铁）沉淀并滤除，需调节溶液的 pH 为 10。过滤后，将滤液用离子交换树脂处理，以吸附碱性溶液中的铼，然后用盐酸将铼洗脱。采用苛性钠溶液可洗脱吸附在树脂上的钼，进而以钼酸钙的形式回收钼。将高氯酸（$HClO_4$）和硫化氢（H_2S）添加到汽提液中，铼会沉淀为 Re_2S_7，再将其溶解于氨水和过氧化氢中，会得到 NH_4ReO_4，通过重结晶过程可对其进行进一步提纯。Kennecott 工艺流程如图 1-3 所示。

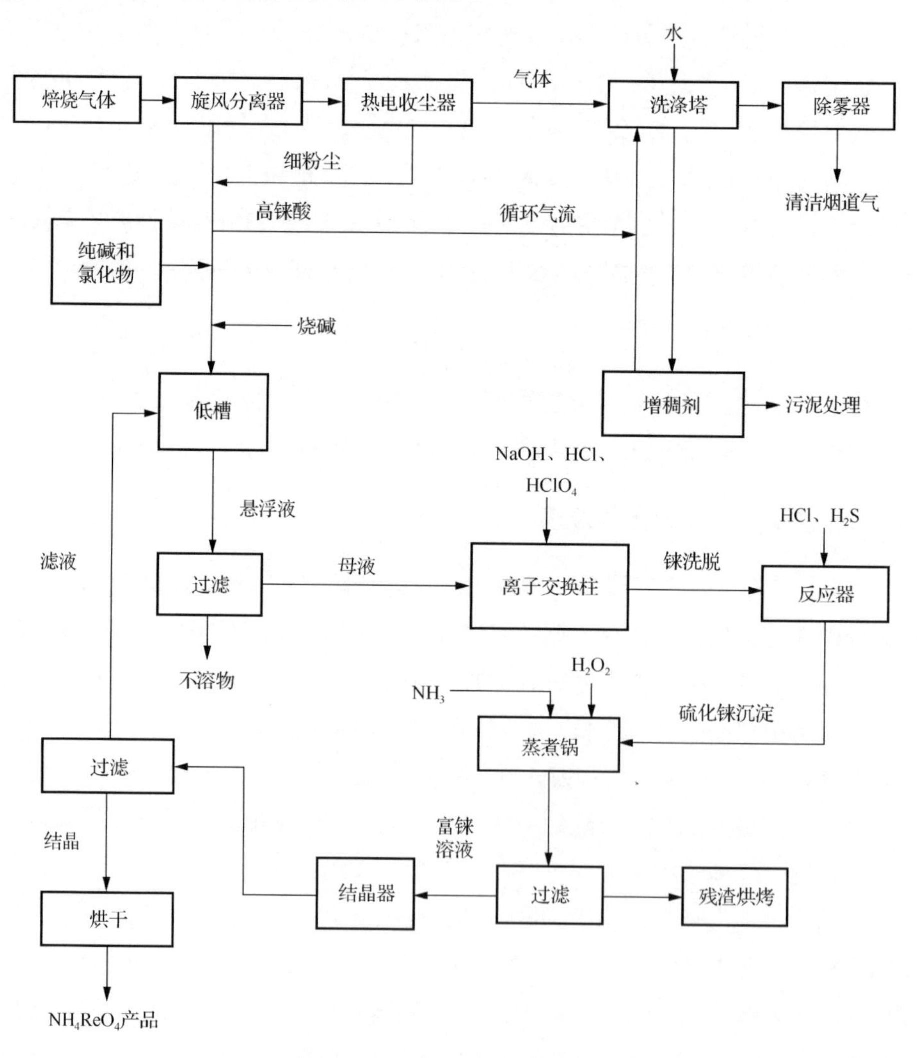

图 1-3 Kennecott 工艺流程图

我国在工业上通常是对辉钼矿精矿浮选后回收副产品铼。MoS_2 的最终质量分数为 85%～95%，而其中铼的质量分数为 0.02%～0.2%[75]。三氧化钼（MoO_3）因在冶金和催化领域的重要应用而成为首要目标产品。在高温冶金过程中，冶金和化学级的钼氧化物会同时从 MoS_2 的晶格中释放出铼。氧化焙烧是我国工业上由 MoS_2 生产 MoO_3 的主要方法，在生产过程中会同时释放出气态的 Re_2O_7，经过洗涤处理即可将焙烧炉废气中的铼回收。

江西铜业集团有限公司是我国最大的铼生产商（99%铼酸铵年产量大于 2000kg），占据了我国 40%以上的市场份额。它开发并应用自己的生产工艺，包括洗涤液的溶剂萃取、有机溶剂的汽提、NH_4ReO_4 的提纯和结晶，最终可得到 92%的铼。回收过程的关键是使用混合萃取溶剂 N335（20%），2-辛醇（15%），煤油（65%），同时保持接触时间约 1min。此外，使用氨水（>7mol/L）作为汽提液浓缩铼（2g/L）[75]。

我国是世界上最大的铂族金属消费国，铂族金属的矿产资源在世界范围内都非常稀少[76]。因此，从二次资源中回收铂族金属显得尤为重要。含稀土、铂和氧化铝的石油重整催化剂在炼油工业中被广泛应用，以提高燃料的辛烷值[9]。当这些催化剂失活时，有两种基本方法可回收铼和其他铂族金属：①将氧化铝基体完全溶解；②铼和铂的选择性溶解和回收。中铂金属有限公司对 20 世纪 70 年代由昆明贵金属研究所开发的回收工艺进行了改进，得到了最优的铂废催化剂的选择性溶解回收工艺[7, 11]。该工艺主要由选择性溶解（硫酸）、过滤和离子交换树脂吸附组成，实现了高达 95%的稀土总回收率。具体工艺流程如图 1-4 所示。

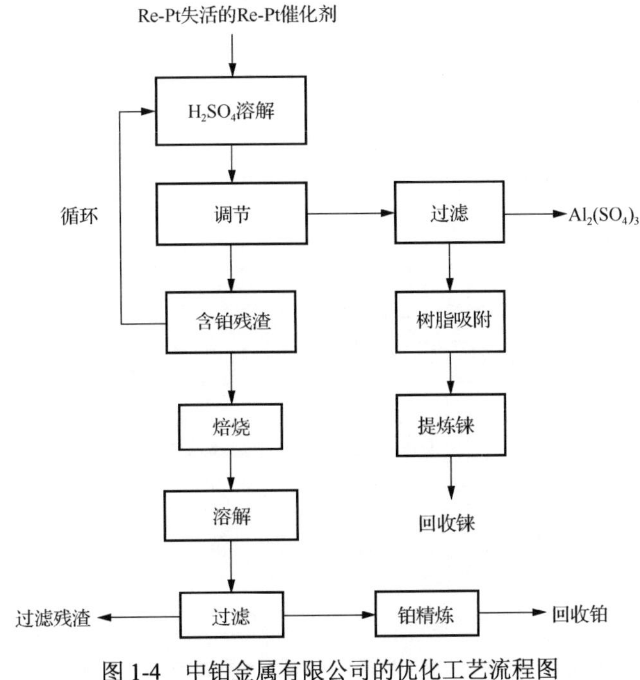

图 1-4　中铂金属有限公司的优化工艺流程图

智利的 Molymet 公司经营着世界上最大的铼回收厂，每年可生产约 40000kg 的铼金属和 NH_4ReO_4。此外，Molymet 公司在国际范围内开设了多家公司，包括在墨西哥的钼精矿焙烧公司（Molymex S. A. De C. V.）、在比利时的焙烧和钼铁公司（Sadaci N. V.）、在德国的粉末冶金公司（Chemiemetall GmbH.），以及在我国的洛阳高新钼钨材料有限公司。

波兰于 2007 年开始利用自有资源大量生产铼产品，该产品主要由波兰格利威茨有色金属研究所开发。KGHM 公司在库珀矿石提取加工的酸性工业废水中提取铼。第一步获得结晶 NH_4ReO_4，然后以颗粒形式烧结，随后还原为金属铼。此外，KGHM 的 Glogow 冶炼厂利用离子交换技术从铜精矿冶炼的烟气中回收铼[77]。与 Kennecott 工艺类似，首先用水洗涤吸收 Re_2O_7 获得吸收溶液（铼质量浓度为 0.02g/L），吸收液中还含有钼酸盐和硫酸盐等其他杂质。在进行离子交换前，须将该溶液置于封闭的聚丙烯过滤器中去除杂质。然后将溶液通过离子交换柱，使其中的 ReO_4^- 选择性地吸附在弱碱性阴离子树脂上，以氨水为洗脱剂进行洗脱。最后，将洗脱液置于真空结晶回路生成 NH_4ReO_4，再经多次重结晶制备高品位（99.95%）NH_4ReO_4 产品。Glogow 冶炼厂每年可生产 4000～5000kg 的 NH_4ReO_4。具体工艺流程如图 1-5 所示。

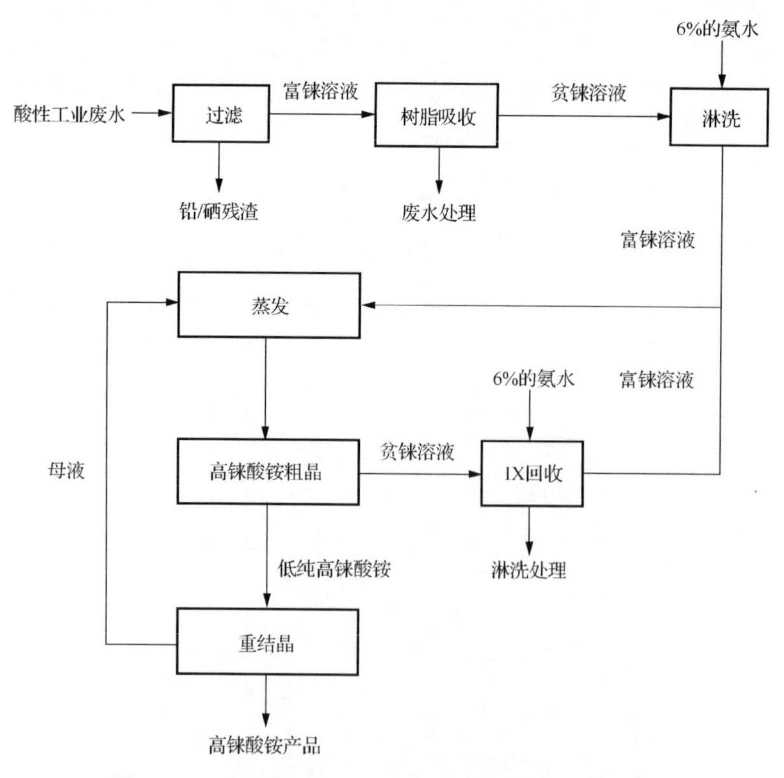

图 1-5　KGHM 的 Glogow 冶炼厂回收铼的工艺流程图

哈萨克斯坦 Zhezkazgan 地区发现的铜精矿含有高达 30g/t 的铼，是世界上含铼最丰富的矿床[78]。利用电熔工艺可有效提取矿石中的铼。首先将铼挥发为 Re_2O_7，并用水和稀硫酸洗涤吸收，形成 $HReO_4$（0.25g/L）。然后进行溶剂萃取，以煤油稀释的三烷基胺（TAA）作为萃取剂对溶液中的铼进行选择性分离，用 NH_4OH 洗脱负载有机相。得到的粗铼经过溶解再结晶，可制得纯度大于 98.5%的目标产品高铼酸铵。具体工艺流程如图 1-6 所示。

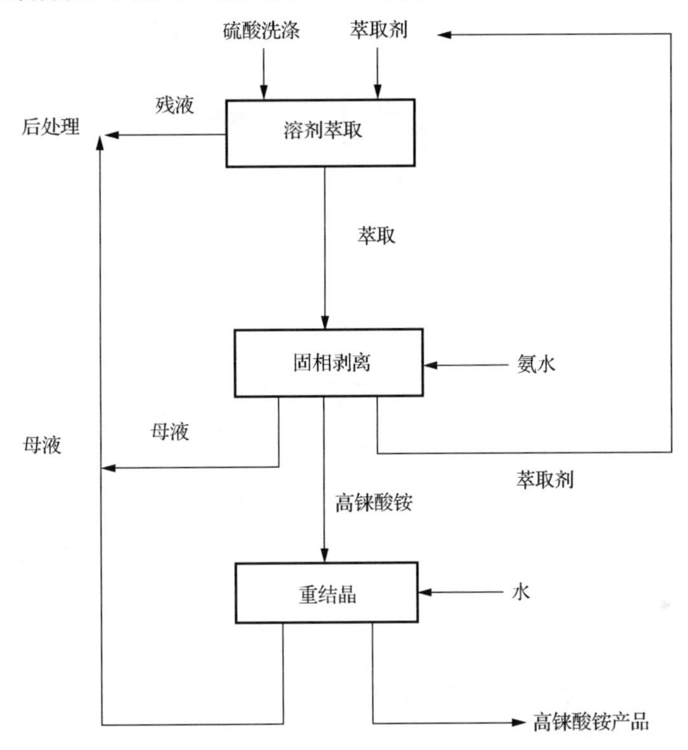

图 1-6 哈萨克斯坦硫酸洗涤液回收铼工艺流程图

Riotinto（美国）开发了一种碱性加压氧化工艺，以替代传统焙烧工艺，用于从辉钼矿精矿中回收钼和铼[79]。用氢氧化钾或氢氧化钠在高温（150～200℃）和高压（517～1400kPa）下浸出浮选富集的辉钼矿精矿，形成可溶性钼酸盐（MoO_4^{2-}）。采用溶剂萃取法回收钼酸盐，并用氢氧化铵洗脱液将其分离。在溶剂萃取的同时，采用含有季胺官能团的选择性离子交换树脂吸附回收辉钼矿精矿中的铼。

美国 Freeport McMoran 公司的一项铼回收方法的专利指出[80]，在铜浸出和钼氧化的处理过程中，可获得作为副产品的铼。核心步骤是利用一个活性炭柱电路吸附水溶液中的铼。洗脱液为质量分数 2.5%的氢氧化钠和质量分数 2.5%的铵水溶液，洗脱条件为 pH=7，温度 80～110℃。洗脱后，富铼溶液用于生产纯铼产品，不含铼的洗脱液将在电路中重复使用。相应的铼回收工艺流程如图 1-7 所示。

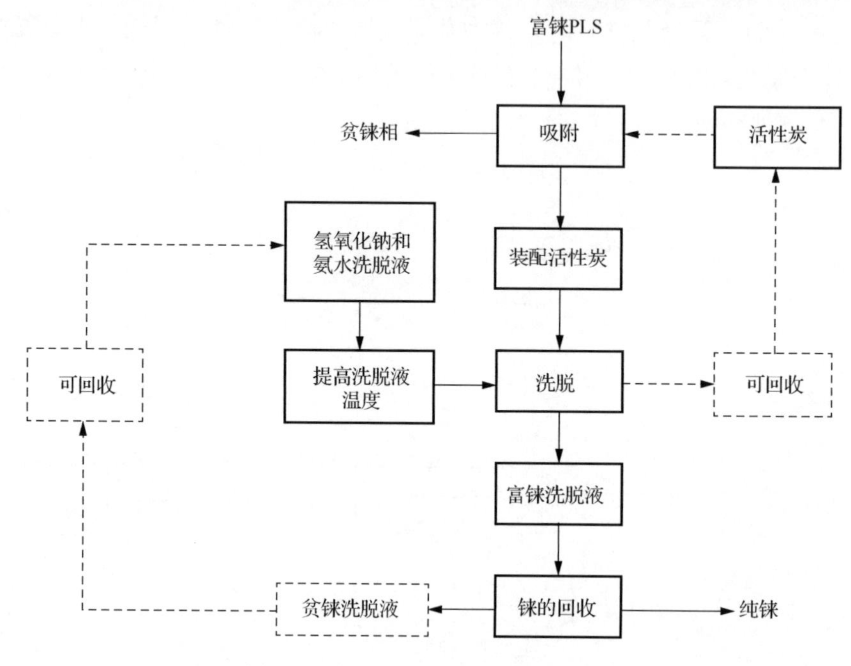

图 1-7　自由口压力氧化-铼回收工艺

PLS 为浸出溶液，即浸出相

20 世纪 90 年代中期，俄罗斯研究人员在 Kudryavyi 火山上发现了 ReS_2，且在火山喷出的高温气体中发现了大量的气态铼氯化物（$ReCl_5$）和铼氟化物（ReF_5）（0.5～2.5g/t）。2007 年，研究人员尝试将分子筛作为该气体的吸收介质以回收铼，但由于火山环境固有的危险性及基础数据的缺乏，研究进展缓慢。

参 考 文 献

[1] 有色金属提取冶金手册编委会. 有色金属提取冶金手册：稀有高熔点金属(上)[M]. 北京：冶金工业出版社，1999.

[2] 张国成，黄文梅. 有色金属进展:第五卷[M]. 长沙：中南大学出版社, 2005.

[3] 周令治，陈少纯. 稀散金属提取冶金[M]. 北京：冶金工业出版社, 2008.

[4] 臧树良. 稀散元素化学与应用[M]. 北京：中国石化出版社, 2008.

[5] 宋玉林, 董贞俭. 稀有金属化学[M]. 沈阳：辽宁大学出版社, 1991.

[6] U.S. geological survey mineral commodity summaries: rhenium[EB/OL]. [2018-10-01]. https://minerals.usgs.gov/

minerals/pubs/mcs/2017.

[7] Takashi O, Tooru O, Tsunehiro T, et al. A new heterogeneous olefin metathesis catalyst composed of rhenium oxide and mesoporous alumina[J]. Microporous and Mesoporous Mater, 2004, 74(1-3): 93-103.

[8] Bochenek K, Węglewski W, Morgiel J, et al. Influence of rhenium addition on microstructure, mechanical properties and oxidation resistance of NiAl obtained by powder metallurgy[J]. Materials Science and Engineering(A), 2018, 735(9): 121-130.

[9] Yang S L, Chen Y, Xue X H, et al. The property and application research situation of rhenium (Re)[J]. Shanghai Metals, 2005, 27(1): 45-49.

[10] Zhang Y Y, Wang T, Jiang S Y, et al. Effect of rhenium content on microstructures and mechanical properties of electron beam welded TZM alloy joints[J]. Journal of Manufacturing Processes, 2018, 32(1): 337-343.

[11] Pourhabib Z, Ranjbar H, Bahrami S A, et al. Experimental and theoretical study of rhenium radioisotopes production for manufacturing of new compositional radiopharmaceuticals[J]. Applied Radiation and Isotopes, 2019, 145(3): 176-179.

[12] 徐志昌, 张萍. 从辉钼矿焙烧烟尘中回收铼[J]. 中国钼业, 2000, 24(1): 24-25, 40.

[13] 马红周. 从钼精矿焙烧烟尘中回收铼的工艺研究[D]. 西安: 西安建筑科技大学, 2003.

[14] 牛春林, 周煜, 谭艳山. 含铼钼精矿的焙烧及烟灰中铼的回收工艺研究[J]. 云南冶金, 2013, 42(4): 22-25.

[15] 裘立奋, 田孔泉, 庄艾春, 等. 现代难熔金属和稀散金属分析[M]. 北京: 化学工业出版社, 2007.

[16] 翟秀静, 周亚光. 稀散金属[M]. 合肥: 中国科学技术大学出版社, 2009.

[17] Zhang B, Liu H Z, Wang W, et al. Recovery of rhenium from copper leach solutions using ion exchange with weak base resins[J]. Hydrometallurgy, 2017, 173: 50-56.

[18] Nebeker N, Brent H J. Recovery of rhenium from copper leach solution by ion exchange[J]. Hydrometallurgy, 2012, 125-126: 64-68.

[19] 何焕杰, 王秀山, 杨子超. 用 D301 离子交换树脂分离铼和钼[J]. 铀矿冶, 1990, 1(9): 37-41.

[20] 何焕杰, 王秀山. 互贯网络三乙烯四胺弱碱树脂吸附铼的性能和机理研究[J]. 离子交换与吸附, 1994, 10(4): 322-327.

[21] Kholmogorov A G, Kononova O N, Kachin S V. Ion exchange recovery and concentration of rhenium from salt solutions[J]. Hydrometallurgy, 1999, 51(1): 19-35.

[22] Virolainen S, Laatikainen M, Sainio T. Ion exchange recovery of rhenium from industrially relevant sulfate solutions: single column separations and modeling[J]. Hydrometallurgy, 2015, 158: 74-82.

[23] 吴香梅, 舒增年. D301 树脂吸附铼(VII)的研究[J]. 无机化学学报, 2009, 25(7): 1227-1232.

[24] 刘红召, 王力军, 张博, 等. 一种弱碱性树脂对淋洗液中铼的静态吸附性能[J]. 稀有金属, 2017, 41(9): 1028-1034.

[25] 刘峙嵘, 李建华, 刘云海. R-518 树脂富集铼的性能研究[J]. 山东冶金, 2000, 22(2): 37-39.

[26] 刘峙嵘, 康文, 王作举. R-519 树脂吸附铼的性能研究[J]. 华东地质学院学报, 2000, 23(4): 286-288.

[27] 刘峙嵘, 李传茂, 郭锦勇. F1 树脂吸附和解吸铼的性能研究[J]. 湿法冶金, 2000, 19(4): 12-20.

[28] 刘峙嵘, 邹丽霞, 吕效磊. F2 型树脂吸附铼的研究[J]. 现代化工, 2001, 21(5): 32-35.

[29] 刘峙嵘, 刘欣萍, 彭雪娇. 阴离子交换树脂 F3 吸附铼的研究[J]. 稀有金属, 2002, 26(3): 221-224.

[30] Shu Z N, Yang M H. Adsorption of rhenium(VII)with anion exchange resin D318[J]. Chinese Journal of Chemical

Engineering, 2010, 18(3): 372-376.
[31] 秦玉楠. 离子交换法提取铼酸铵新工艺[J]. 中国钼业, 1998, 22(5): 39-41.
[32] 陈昆昆, 吴贤, 王治钧. D296树脂从含铼酸性溶液中吸附铼的研究[J]. 有色金属(冶炼部分), 2015, 7(12): 49-52.
[33] 马红周, 王耀宁, 兰新哲. 树脂富集铼的研究[J]. 有色金属(冶炼部分), 2009(6): 43-45.
[34] 林春生, 高青松. 用201×7树脂离子交换法回收淋洗液中铼的研究[J]. 中国钼业, 2009, 33(3): 30-31.
[35] Lan X, Liang S, Song Y. Recovery of rhenium from molybdenite calcine by a resin-in-pulp process[J]. Hydrometallurgy, 2006, 82(3-4): 133-136.
[36] Jia M, Cui H, Jin W, et al. Adsorption and separation of rhenium(VII)using N-methylimidazolium functionalized strong basic anion exchange resin[J]. Journal of Chemical Technology & Biotechnology, 2013, 889(3): 437-443.
[37] Xiong C, Yao C, Wu X. Adsorption of rhenium(VII)on 4-amino-1,2,4-triazole resin[J]. Hydrometallurgy, 2008, 90(2-4): 221-226.
[38] 徐羽梧, 熊远凡, 董世华. 螯合树脂研究-X X Ⅱ·用螯合树脂吸附和分离铂和铼[J]. 离子交换与吸附, 1993, 9(2): 129-133.
[39] 董世华. IPN型含硫、氮螯合树脂的合成、吸附性能及其在分离回收铂和铼中的应用[J]. 石油化工, 1994, 23(1): 28-32.
[40] Srivastava R R, Kim M, Lee J, et al. Liquid-liquid extraction of rhenium(VII)from an acidic chloride solution using Cyanex 923[J]. Hydrometallurgy, 2015, 157: 33-38.
[41] 林春生. 取法从钼、铼溶液中回收铼[J]. 中国钼业, 2005, 29(1): 42-44.
[42] 高志正. 净化洗涤污酸中提取金属铼的试验研究[J]. 中国有色冶金, 2008, 37(6): 110-112.
[43] Xiong Y, Lou Z, Yue S, et al. Kinetics and mechanism of Re(VII)extraction with mixtures of tri-alkylamine and tri-n-butylphosphate[J]. Hydrometallurgy, 2010, 100(3-4): 110-115.
[44] Fang D W, Shan W J, Yan Q, et al. Extraction of rhenium from sulphuric acid solution with used amine N235[J]. Fluid Phase Equilibria, 2014, 383: 1-4.
[45] 邓解德. 从含钼废液中萃取回收铼[J]. 中国钼业, 1999, 2(23): 32-36.
[46] 覃诚真, 杨子超. 萃取化学[M]. 桂林: 广西师范大学出版社, 1991.
[47] Vartak S V, Shinde V M. Separation studies of molybdenum(VI)and rhenium(VII)using TPPO as an extractant[J]. Talanta, 1996, 43(9): 1465-1470.
[48] Travkin V F, Antonov A V, Kubasov V L. Extraction of rhenium(VII)and molybdenum(VI)with hexabutyltriamide of phosphoric acid from acid media[J]. Russian Journal of Applied Chemistry, 2006, 79(6): 909-913.
[49] Leszczyńska S K, Benke G. Synthesis of perrhenic acid using ion exchange method[J]. Hydrometallurgy, 2007, 89(3-4): 289-296.
[50] Cao Z F, Zhong H, Qiu Z H. Solvent extraction of rhenium from molybdenum in alkaline solution[J]. Hydrometallurgy, 2009, 97(3-4): 153-157.
[51] Salehi H, Tavakoli H, Aboutalebi M R, et al. Recovery of molybdenum and rhenium in scrub liquors of fumes and dusts from roasting molybdenite concentrates[J]. Hydrometallurgy, 2019, 185: 142-148.
[52] Hori H, Otsu T, Yasukawa T R, et al. Recovery of rhenium from aqueous mixed metal solutions by selective precipitation: a photochemical approach[J]. Hydrometallurgy, 2018, 183: 151-158.
[53] 牟婉君, 宋宏涛, 王静. 铼的萃取分离和测定[J]. 中国钼业, 2008, 32(4): 34-36.

[54] 汪小琳, 刘亦农. 酮类试剂萃取分离铼的研究[J]. 化学试剂, 1995, 17(3): 143-145.

[55] Dorota J B, Bozena N K. Poly(4-vinylpyridine) resins towards perrhenate sorption and desorption[J]. Reactive and Functional Polymers, 2017, 71(2): 95-103.

[56] He H H, Dong Z G, Pang J Y, et al. Phytoextraction of rhenium by lucerne (Medicago sativa)and erect milkvetch (Astragalus adsurgens)from alkaline soils amended with coal fly ash[J]. Science of the Total Environment, 2018, 630(15): 570-577.

[57] 刘军深, 蔡伟民. 萃淋树脂技术分离稀散金属的研究现状及展望[J]. 稀有金属与硬质合金, 2003, 31(4): 36-39.

[58] 徐勤, 何焕杰. 中性磷萃淋树脂吸附铼的性能和机理研究(Ⅳ)[J]. 湿法冶金, 1997, 16(1): 26-30.

[59] 何焕杰, 吴业文, 杨子超. CL-P350 萃淋树脂吸附铼和分离钼的性能研究[J]. 湿法冶金, 1992, 1(3): 7-10.

[60] 宋金如, 龚治湘, 刘淑娟. 350 萃淋树脂吸附铼的性能研究及应用[J]. 东华理工大学学报(自然科学版), 2003, 26(3): 274-278.

[61] Moon J K, Han Y J, Jung C H. Adsorption of rhenium and rhodium in nitric acid solution by amberlite XAD-4 impregnated with Aliquat 336[J]. Korean Journal of Chemical Engineering, 2006, 23(2): 303-308.

[62] Lucaníková M, Kucera J, Sebesta F. New extraction chromatographic material for rhenium separation[J]. Journal of Radioanalytical and Nuclear Chemistry, 2008, 277(2): 479-485.

[63] 李玉萍, 李莉芬, 王献科. 液膜法提取高纯铼[J]. 中国钼业, 2001, 25(6): 23-26.

[64] 夏德长. 提取铼工艺过程采用的膜技术[J]. 湿法冶金, 1994(2): 58-60.

[65] 周春山. 化学分离富集方法及应用[M]. 长沙：中南工业大学出版社, 1996.

[66] Alejandro V U, Edgar M, Luis C. Analysis of the electrodeposition process of rhenium and rhenium oxides in alkaline aqueous electrolyte[J]. Electrochimica Acta, 2013, 109(30): 283-290.

[67] Messner M E, Zimmerley S R. Extraction of rhenium and production of molybdic oxide from sulfide ore materials: USN3376104[P]. 1968-04-02.

[68] Noy J M. Process for extracting molybdenum and rhenium from raw materials containing same: USN3705230[P]. 1972-12-05.

[69] 李红梅, 贺小塘, 赵雨. 铼的资源、应用和提取[J]. 贵金属, 2014, 2(35): 77-81.

[70] 陈庭章. 石灰焙烧法从钼精矿中提取钼铼[J]. 金属材料与冶金工程, 1979(3): 1-12.

[71] 常宝乾, 徐彪, 李营生. 钼精矿固化焙烧-树脂交换法回收铼的工艺研究[J]. 矿产综合利用, 2011(4): 22-25.

[72] 陈一恒, 周松林, 王志普. 一种从富铼精矿中提取铼的方法: CN102628111A[P]. 2012-08-08.

[73] Polyak D E. US geological survey minerals year book[M]. Reston, Virginia, U.S. : U.S. Department of the Interior, U.S. Government Publishing Office, 2016: 136-137.

[74] Sutulov A. Molybdenum extractive metallurgy[D]. Santiago: University of Concepcion, 1965.

[75] 房大维, 臧树良, 宋玉林. 铼的提取冶金工艺流程[J]. 辽宁大学学报, 2016, 43(3): 233-237.

[76] Loferski P J. US geological survey minerals year book[M]. Reston, Virginia, U.S. : National Minerals Information Center, U.S. Geological Survey, 989 National Center, 2017: 1-5.

[77] Chmielarz A, Litwinionek K. Development of the technology for the recovery of rhenium from polish copper smelters[R]. Hamburg DE, 2010.

[78] Abisheva Z S, Zagorodnyaya A N, Bekturganov N S. Review of technologies for rhenium recovery from mineral raw materials in Kazakhstan[J]. Hydrometallurgy, 2011, 109(1-2): 1-8.

[79] Ketcham V J, Coltrinari E J, Hazen W W. Pressure oxidation process for the production of molybdenum trioxide from molybdenite: US6149883[P]. 2000-11-21.

[80] Waterman B T, Dixon S N, Morelli T L, et al. Methods and systems for recovering rhenium from a copper leach: US8361192[P]. 2013-01-29.

第 2 章　铼化合物的合成及其化学反应

2.1　铼的化合反应

2.1.1　铼与金属化合反应

（1）μ_2-η^2-和 μ_2-η^3-CO_2 铼配合物的合成。

寻找活化 CO_2 的方法并将其用于有机合成反应具有重要的科学意义。具有强碱性的金属与碳结合，强酸性的金属与一个或两个氧原子结合，可实现对 CO_2 的有效捕捉和活化。例如，以钴的金属羧酸盐为阴离子、钾离子为阳离子可组成此双功能体系。在此基础上，一系列 μ_2-η^2-和 μ_2-η^3-CO_2 侨联配合物被相继合成。Gibson 课题组研究了 $CpFe(CO)(PPh_3)CO_2^-K^+$（配合物 1）的特征，发现在具有弱配位能力的 BF_4^- 阳离子存在条件下，其可与一系列铼阳离子反应，生成 μ_2-η^2-CO_2 配合物，如图 2-1 所示，其中配合物 3a 的稳定性最高[1]。

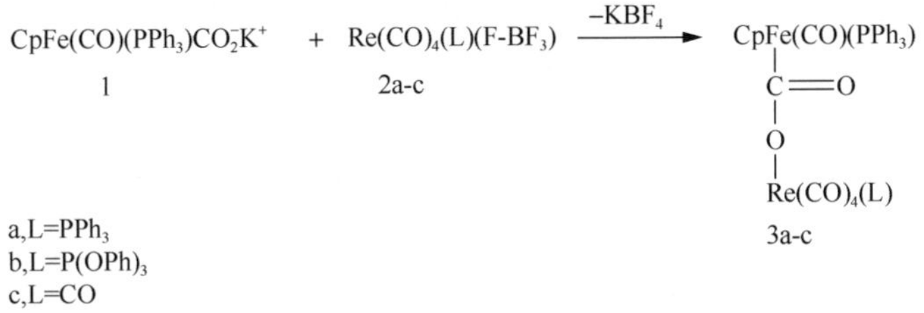

$$\underset{1}{CpFe(CO)(PPh_3)CO_2^-K^+} + \underset{2a\text{-}c}{Re(CO)_4(L)(F\text{-}BF_3)} \xrightarrow{-KBF_4} \underset{3a\text{-}c}{CpFe(CO)(PPh_3)\text{—}C(=O)\text{—}O\text{—}Re(CO)_4(L)}$$

a,L=PPh_3
b,L=$P(OPh)_3$
c,L=CO

图 2-1　μ_2-η^2-CO_2 配合物的生成反应式

（2）CO_2 侨联钌-锆及铼-锆配合物的合成。

Gibson 等[2]研究了 CO_2 侨联配合物 $Cp^*Ru(CO)_2(CO_2)Zr(X)Cp_2$(2a,3a,5a；X = Cl,Me,$SnPh_3$)，$Cp^*Re(CO)(NO)(CO_2)Zr(X)Cp_2$(2b,3b,5b；X = Cl,Me,$SnPh_3$) 和 $Cp^*Ru(CO)_2(CO_2)SnPh_3$(4)的合成和表征方法。金属羧酸 $Cp^*Ru(CO)_2(CO_2)H$(1a，$Cp^* = \eta^5$-C_5Me_5)和 $Cp^*Re(CO)(NO)COOH$(1b)分别与 $Cp_2Zr(Cl)(H)$反应，生成 CO_2 侨联配合物（2a 和 2b），产率分别为 63%（2a）和 69%（2b），反应式如图 2-2 所示。化合物 3a 和 3b 也是利用金属羧酸对锆茂衍生物上的酸敏感官能团的反应性合成的。1a 与 $Cp_2Zr(Me)(OMe)$反应得到 3a，产率为 67%；1b 与 $Cp_2Zr(Me)_2$ 反应

得到3b，产率为85%，反应式如图2-3所示。制备三金属化合物5a，b的方法与2a，b和3a，b的制备方法完全不同，$Cp^*Ru(CO)_2(CO_2)SnPh_3$(4)与$Cp_2Zr(H)(Me)$反应得到5a，产率为80%，如图2-4所示。这种合成锆配合物的新方法是以CO_2侨联锡配合物作为金属羧酸盐片段的转移剂，即在水性介质中原位生成金属羧酸盐，然后用第二种金属捕获以形成CO_2侨联络合物。配合物2a和2b中的锆原子是呈边缘封顶的四面体几何结构。将这些化合物的固态IR数据与其他对称型μ_2-η^3-CO_2化合物进行比较，发现CO_2配体的不对称伸缩振动v_{asym}随金属羧酸盐片段的改变而略有不同，且其高度依赖于中心金属的配位几何结构。

$$Cp^*M(CO)(L)COOH + Cp_2Zr(H)(Cl) \xrightarrow{-H_2} Cp^*M(CO)(L)(CO_2)Zr(Cl)Cp_2(1)$$

1a:M=Ru,L=CO　　2a:M=Ru,L=CO
1b:M=Re,L=NO　　2b:M=Re,L=NO

图2-2　配合物2a和2b的生成反应式

$$\underset{1a}{Cp^*Ru(CO)_2COOH} + Cp_2Zr(Me)(OMe) \xrightarrow{-CH_3OH} \underset{3a}{Cp^*Ru(CO)_2(CO_2)Zr(Me)Cp_2}(2)$$

$$\underset{1b}{Cp^*Re(CO)(NO)COOH} + Cp_2Zr(Me)_2 \xrightarrow{-CH_4} \underset{3b}{Cp^*Re(CO)(NO)(CO_2)Zr(Me)Cp_2}(3)$$

图2-3　配合物3a和3b的生成反应式

$$Cp^*Ru(CO)_2(CO_2)SnPh_3+Cp_2Zr(H)(Me) \longrightarrow [Cp^*Ru(CO)_2(CO_2)ZrCp_2(H)+MeSnPh_3]$$
$$\longrightarrow Cp^*Ru(CO)_2(CO_2)Zr(SnPh_3)Cp_2+CH_4$$

图2-4　配合物5a的生成反应式

（3）铌和钽氧代高铼酸盐$M^V_4O_2(OEt)_{14}(ReO_4)_2$的合成。

利用金属乙醇盐$M^V(OEt)_5$与Re_2O_7在烃类溶剂中的反应，可得到铌和钽氧代高铼酸盐配合物$M^V_4O_2(OEt)_{14}(ReO_4)_2$，且产率较高。该配合物在己烷和甲苯中具有良好的溶解性，在室温下稳定。其分子结构以四核$M_4(\mu\text{-}O)_2(\mu\text{-}OR)_4X_{12}$（X = OR，$ReO_4^-$）为核心，由两对共边的八面体组成，并通过两个近乎线性的含有矩形平面M_4-氧桥连接，高铼酸盐配体则以中心对称的方式连接到矩形的两个对角上[3]。

（4）铼（I）、铁（III）混合价态化合物的合成。

在氰化物侨联的Fe^{III}-Re^I_n（n = 1～3）混合价态配合物{[dmbRe(I)(CO)(3)](*n*)-Fe-III(CN)(6)}(3-*n*)中，随着Fe^{III}上侨联Re(I)中心金属的增多，其MM'CT能带蓝

移的程度增大。化合物 $K_2[dmbRe(CO)_3(\mu\text{-}NC)Fe(CN)_5]$的合成方法如下：向含 0.3723g（0.76mmol，1Eq）$[dmbRe(CO)_3Cl]$和 0.1957g（0.76mmol，1Eq）$AgOSO_2CF_3$ 的 100mL 丙酮溶液中，加入 25mL 含有 0.2500g（0.76mmol，1Eq）$K_3Fe(CN)_6$ 的水溶液。得到的浑浊橙红色溶液在室温下搅拌 10min 后加热回流 45min，颜色变为深红棕色。将所得溶液用硅藻土热过滤以除去 AgCl，并经旋转蒸发浓缩得到绿色粉末。真空干燥后首先用去离子水洗涤，然后加入大量乙醚，最后将产物在室温下干燥。粗产物在硅胶柱上色谱分离，用 1∶2 的丙酮/甲醇作为洗脱液收集主要产物，并通过旋转蒸发获得红紫色产品[4]。

（5）金醇与多氢铼化物的醇消去反应。

研究发现，Ph_3PAuOR 与过渡金属氢化物的反应在室温下就能够平稳、快速地进行。通过简单添加 H^+，可以有效增加氢化物的数量，且这种质子化作用不会改变总的价电子数，但可以促进金属多面体的重建。双核还原消除反应，即

$$M\text{-}X + R_3PAuY \longrightarrow R_3PAuM + X\text{-}Y$$

是 Au/其他金属（M）化合物的主要合成方法，其可在不改变其他金属电荷状态的情况下发生，因此特别适于无电荷分子的合成，也使得该方法与添加 $AuPR_3^+$ 的方法截然不同[5]。

（6）三（1,10-菲咯啉）合钴（II）-双（高铼酸盐）一水合物$[Co(C_{12}H_8N_2)_3][ReO_4]_2 \cdot H_2O$ 的合成。

在搅拌条件下，将 NH_4ReO_4（0.54g；2mmol）的水溶液（15mL）缓慢加入到含有 phen（0.42g；3mmol）和 $CoCl_2$（0.2g；1mmol）的乙醇（5mL）和水（15mL）混合液中。所得的紫色溶液在空气中静置一周后收集粉红色$[Co(C_{12}H_8N_2)_3][ReO_4]_2 \cdot H_2O$ 棱晶。$[Co(C_{12}H_8N_2)_3][ReO_4]_2H_2O$ 中的 Co^{II} 原子与三个呈扭曲八面体的 1,10-菲咯啉配位，并通过 O—H···O，C—H···O 和 π—π 的相互作用连接起来[6]。

（7）$[Pt(NH_3)_5Cl](ReO_4)_3 \cdot 2H_2O$ 晶体的合成。

将 0.2mmol 的$[Pt(NH_3)_5Cl]Cl_3 \cdot H_2O$ 和 0.7mmol 的 $NaReO_4$ 溶解于 10mL 热水中，几分钟后会产生 0.5mm 左右的无色晶体，大约 1h 后晶体形成完全，收集该晶体化合物，过滤后用水和丙酮清洗，然后在空气中干燥即得到$[Pt(NH_3)_5Cl](ReO_4)_3 \cdot 2H_2O$ 产品，其晶体学数据为：a = 10.3476(2)Å，b = 12.8955(2)Å，c = 14.353(3)Å，β = 105.241(10)°，V = 1847.94(6)Å^3，空间群 $P2_1/n$，Z = 4。该化合物在氦气和氢气中的热分解实验结果表明，其在氦气中产生两相产物，在氢气中产生取代的 $Re_{0.75}Pt_{0.25}$，固溶体晶胞参数为 a = 2.767(2)Å，c = 4.441(3)Å，空间群

$P6_3/mmc$[7]。

（8）$[Zn(NH_3)_4][(ReO_4)_2]$和$[Cd(NH_3)_4][(ReO_4)_2]$配合物的合成。

由 $M(ReO_4)_2$ 和氨水可以简单制备$[Zn(NH_3)_4][(ReO_4)_2]$和$[Cd(NH_3)_4][(ReO_4)_2]$配合物。首先将 Zn 和 Cd 的 $M(NO_3)_2$ 化合物与吡啶水溶液反应，随后加入 $HReO_4$，可分别得到$[Zn(py)_4][(ReO_4)_2]$和$[Cd(py)_4][(ReO_4)_2]$。将所得配合物高温热解，可分别得到$[Zn(NH_3)_4][(ReO_4)_2]$、$[Cd(NH_3)_4][(ReO_4)_2]$、$[Zn(py)_4][(ReO_4)_2]$和$[Cd(py)_4][(ReO_4)_2]$。热分解的动力学过程为$[ML_4][(ReO_4)_2] \rightarrow [ML_2][(ReO_4)_2] \rightarrow M[(ReO_4)_2]$，其中吡啶配合物和二胺配合物都与高铼酸形成配位化合物，而两个四氨配合物则是与高铼酸盐离子形成离子型化合物[8]。

（9）四苯基锑高铼酸盐的合成。

四苯基锑氯化物与高铼酸钠反应，可生成四苯基锑高铼酸盐。X 射线衍射结果表明，四苯基锑高铼酸盐晶体是由近乎规则的四面体四苯基锑阳离子（CSbC，109.4(2)º～109.5(7)º）和$[ReO_4]^-$[OReO，107.6(3)º～113.3(5)º]阴离子组成。Sb—C 的平均键长为 2.094(3)Å，接近于 Sb 原子和 C 原子的共价半径总和；而 Re—O 的平均键长为 1.672(4)Å，对应于多键[9]。

（10）铂-铼-汞化学簇的合成。

54-电子簇阳离子$[Pt_3\{ReO_3\}(\mu\text{-dppm})_3]^+$（dppm = $Ph_2pCH_2PPh_2$），通过向 Pt_3 中心引入 CO、$P(OMe)_3$、Hg 和 T1(acac)（acac = MeCOCHCOMe），可以生成 56-$[Pt_3\{ReO_3\}(\mu_3\text{-Hg})(\mu\text{-dppm})_3]^+$电子簇阳离子$[Pt_3\{ReO_3\}(\mu_3\text{-L})(\mu\text{-dppm})_3]^+$，其中 L=CO，Hg 或 Tl(acac)；亦或是形成$[Pt_3\{ReO_3\}(L)(\mu\text{-dppm})_3]^+$，其中 L =$P(OMe)_3$。在汞和 $NH_4[ReO_4]$存在的条件下$[Pt_3\{ReO_3\}(\mu_3\text{-Hg})(\mu\text{-dppm})_3]^+$会氧化，生成双汞簇的$[Pt_3(\mu_3\text{-Hg})_2(\mu\text{-dppm})_3]$ -$[ReO_4]_2$。

（11）含镍的四方体铼配合物的合成[10]。

$Ni(ReO_4)_2$ 与吡啶在 150℃下反应，可生成四方体铼配合物 $Ni(py)_4(ReO_4)_2$。重蒸的吡啶（0.82g，10.4mmol）加入 3mL 的 $NiC1_2 \cdot 6\ H_2O$(0.16g, 0.7 mmol)水溶液中，加热后可得到清澈的溶液。向其中加入 $HReO_4$ 浓溶液（由 1.4mmol $KReO_4$ 制得），充分搅拌可得到蓝色沉淀，母液在冰浴冷却后会变为无色。将沉淀过滤后溶解至 20mL 热的 10%的吡啶中，形成的复合物在冰浴冷却后结晶，将其依次用冷的 10%的吡啶和乙醇小心清洗，可得到 0.3g 目标产物[11]。

（12）Re(I)-Pt(II)多吡啶双色团炔基桥联分子的合成。

采用无水无氧的 Schlenk 法可制备一系列发光的 Re(I)-Pt(II)双金属多吡啶炔

基络合物 $[(N\text{^}N)(CO)_3Re\{C\equiv C-(C_6H_4)_n-C\equiv C\}Pt(N\text{^}N\text{^}N)]Otf$，其中 $[(bpy)(CO)_3Re(C\equiv C-C_6H_4-C\equiv C)Pt(tBu_3tpy)]OTf$ 的合成方法如下：5mL$[Re(bpy)(CO)_3(CtC-C_6H_4-CtCH)]$（106mg，0.19mmol）的 DMF 溶液加入 5mL 含有 $[Pt(tBu_3tpy)Cl]$ OTf（100mg，0.13mmol）、CuI（2.7mg，0.01mmol）和 Et_3N（4mL）的 DMF 溶液中，室温下搅拌 24h，然后加入乙醚可得红色沉淀。将所得沉淀以二氯甲烷-丙酮（体积比为 4∶1）为洗脱剂通过硅胶柱层析纯化，最后用乙腈-乙醚或二氯甲烷-乙醚重结晶可得深红色晶体，产率：62mg，37%。其他络合物的制备方法与上述方法类似[12]。

（13）由 μ-氧桥相连的铁(II)和铼(VII)中心异核配合物的合成。

FeI_2 与 2Eq 的 $AgReO_4$ 在乙腈中反应，可得到黄色晶体 $Fe(ReO_4)_2(CH_3CN)_3$(1)，将晶体(1)与 4Eq 的 $CpFe(CO)_2CN$ 反应，可进一步得到橙色结晶 $Fe(ReO_4)_2[CpFe(CO)_2(CN)]_4$(2)[13]。化合物(2)也可由 FeI_2、$AgReO_4$ 和 $CpFe(CO)_2CN$ 在二氯甲烷中通过一步反应制得。化合物(1)的结构是无限长链，其中交替的 $[Fe(CH_3CN)_4]$ 和 $[Fe(ReO_4)_2(CH_3CN)_2]$ 单元通过高铼酸盐阴离子连接，形成 $[-ReO_2-O-Fe(ReO_4)_2(CH_3CN)_2-O-ReO_2-O-Fe(CH_3CN)_4-O-]_n$ 的长分子链。化合物(2)表现为具有轻微扭曲八面体配位环境的单体铁配合物，其中四个金属有机配体通过在顶端位置的氰基与两个高铼酸盐的单配位基在赤道平面上进行配位。

（14）$Pb(ReO_4)_2(C_2H_6O_2)_{1.5}$ 的合成。

通过在乙烷-乙二醇中重结晶无水高铼酸铅可制备 $Pb(ReO_4)_2(C_2H_6O_2)_{1.5}$ 化合物[14]。该化合物属单斜晶系，无色，空间群为 $P2_1/n$，$a = 12.668(1)$Å，$b = 7.572(1)$Å，$c = 13.263(1)$Å，$\beta = 110.216(3)^\circ$，铅离子位于立方棱柱顶端，多面体则由 ReO_4^- 单位相互连接，形成一个二维框架，乙二醇分子发挥立体侨联作用，最终构成三维网络结构。

（15）钨-铼羰基化合物。

将摩尔当量为 1∶1 的 Cp^*ReO_3 和 PPh_3 反应，可原位生成铼的二氧化物的二聚体 $[Cp^*Re(O)(\mu\text{-}O)]_2$，其与钨的炔基配合物 $Cp^*W(CO)_3$-(CCPh)在 110℃的甲苯中回流 20 min，可得到深绿色的双金属含氧炔化物 $Cp^*Re(O)(\mu\text{-}C_2Ph)W(CO)_2C_p$，产率 52%，将其进行进一步热解可得到同分异构体复合 $Cp^*Re(CO)(\mu\text{-}C_2Ph)W\text{-}(\ddot{O})C_p$[15]。

（16）锰铼双金属桥联碳炔配合物的合成。

锰阳离子卡宾络合物 $[\eta\text{-}C_5H_5(CO)_2Mn\equiv CC_6H_5]BBr$(1)与 $(Ph_3P)_2NFeCo(CO)_8$(3)在四氢呋喃中低温条件下反应，可生成异核双金属侨联卡宾配合物

$[MnCo(\mu\text{-}CC_6H_5)(CO)_5(\eta\text{-}C_5H_5)]$(5)和侨联卡宾络合物$[MnCo\{\mu\text{-}C(CO)C_6H_5\}(CO)_5(\eta\text{-}C_5H_5)]$(6)。$(Ph_3P)_2NWCo(CO)_9$(4)与(1)反应也可得到配合物(5)和(6)[16]。铼阳离子卡宾络合物$[\eta\text{-}C_5H_5(CO)_2Re{\equiv}CC_6H_5]BBr_4$(2)与(3)或(4)也能够发生类似反应，得到相应的侨联卡宾络合物$[ReCo(\mu\text{-}CC_6H_5)(CO)_5(\eta\text{-}C_5H_5)]$(7)和$[ReCo\{\mu\text{-}C(CO)C_6H_5\}(CO)_5(\eta\text{-}C_5H_5)]$(8)。(5)可以与一氧化碳气体发生反应生成为配合物(6)。(5)或(6)与$Fe_2(CO)_9$反应可以得到三金属侨联卡宾配合物$[MnFeCo(\mu_3\text{-}CC_6H_5)\text{-}(\mu\text{-}CO)(CO)_7(\eta\text{-}C_5H_5)]$(9)。(7)或(8)与 $Fe_2(CO)_9$ 反应可制得三金属侨联卡宾配合物$[ReFeCo(\mu_3\text{-}CC_6H_5)\text{-}(CO)_8(\eta\text{-}C_5H_5)]$(10)。

（17）复盐$[Pd(NH_3)_4](ReO_4)_2$的合成。

将$[Pd(NH_3)_4]Cl_2$和 $NaReO_4$ 按化学计量比分别溶解于少量的水中，将两种溶液混合，可得到$[Pd(NH_3)_4](ReO_4)_2$的白色沉淀。将沉淀过滤分离，用水和丙酮洗涤后在室温下干燥。在特定温度条件下的氢气气氛中，$[Pd(NH_3)_4](ReO_4)_2$可形成$Pd_{0.33}Re_{0.67}$的固溶体[17]。

（18）混合金属簇$[Re_7C(CO)_{21}ML_n]^{2-}$的合成。

$[Re_7C(CO)_{21}]^{3-}$与铂基亲电子试剂反应，可制备一系列新型的混合金属簇$[Re_7C(CO)_{21}ML_n]^{2-}$，其中$ML_n$ = $Rh(CO)_2$、$Rh(CO)(PPh_3)$、Rh(COD)、Ir(COD)、$Pd(C_3H_5)$、$Pt(C_4H_7)$或$Pt(CH_3)_3$。这些化合物在溶液中以1,4-双帽八面体构型存在。对应晶体属单斜晶系，空间群参数为$P2_1/n$，$a = 13.412(5)$Å，$b = 18.095(6)$Å，$c = 20.686(3)$Å，$\beta = 107.21(2)^o$，$Z = 2$[18]。

（19）新型铼-铌、铼-钽甲氧基复合物的合成。

$Nb_2(OMe)_{10}$ 或 $Ta_2(OMe)_{10}$ 与 Re_2O_7 在甲苯中反应，可以得到目标产物$Nb_4O_2(OMe)_{14}(ReO_4)_2$(I)和$Ta_4O_2(OMe)_{14}(ReO_4)_2$(II)。在温度超过100℃时，II分解产生MeOMe、$MeOCH_2OMe$、MeOH和水蒸气且温度超过135℃时会发生升华。利用Re_2O_7和$Nb_2(OMe)_{10}$在甲苯溶液中的反应还可制备一种新型的双金属甲氧基化合物$Nb_2(OMe)_8(ReO4)_2$(III)，其结构可看作是二聚体$Nb_2(OMe)_{10}$分子中的末端两个甲氧基被两个高铼酸根取代。在 900℃的惰性气氛中，$Ta_4O_2(OMe)_{14}(ReO_4)_2$分解可得Re-Ta混合氧化物相，$Nb_4O_2(OMe)_{14}(ReO_4)_2$和$Nb_2(OMe)_8(ReO4)_2$在相似条件下分解可形成Re-Nb氧化物相[19]。

（20）含高价铼的钨酸盐阴离子及杂多阴离子衍生物的合成。

以$(C_4H_9)_4N^+$盐的形式合成和分离了杂多阴离子 $\alpha\text{-}PW_{11}ReO_{40}^{2-/3-/4-}$、$\alpha\text{-}SiW_{11}ReO_{40}^{3-/4-/5-}$、$BW_{11}ReO_{40}^{4-/5-}$和$SiW_{10}Re_2O_{40}^{2-/3-/4-}$，其中铼的价态为VII、VI和V。

X 射线粉末衍射分析表明：单体铼衍生物具有 Keggin 型杂多阴离子的 α 结构，而由 β-A-$SiW_9O_{34}^{10-}$合成的二聚体铼衍生物则可能具有 Keggin 型杂多阴离子的 β 结构[20]。

（21）含 δ-戊内酰胺的镧系高铼酸盐配合物的合成。

利用配体与镧系元素高铼酸盐在乙醇中反应可合成一系列通式为 $Ln(ReO_4)_{3.8}(VL)$($Ln = Pr$、Nd、Sm、Eu；VL = δ-戊丙酰胺)和 $Ln(ReO_4)_{3.7}(VL)$($Ln = Tb$)的配合物[21]。通过沉淀过滤、乙醇洗涤、真空干燥后，可得到相应的晶体。研究结果表明，配合物中的阴离子不形成配位键，δ-戊丙酰胺可通过它们的羰基氧提供配位，而金属配位键的形成依靠的是静电效应。

（22）铀酰二聚配合物侨联高铼酸盐。

$UO_2(ReO_4)_2 \cdot H_2O$ 和 2Eq 或 3Eq 的正丁基氧化膦(TBPO)或三异丁基磷酸酯(TIBP)反应，可形成 $[UO_2(\mu_2\text{-}ReO_4)(ReO_4)(TBPO)_2]_2$(1) 和 $[UO_2(\mu_2\text{-}ReO_4)(ReO_4)(TiBP)_2]_2$(2)[22]。这两种复合物的结晶为两个中心对称的二聚体结构，其核心为高铼酸根桥联的两个铀酰基；两个 P═O 的供体配体和一个单配位的高铼酸根在每个金属中心形成了五边形双锥体配位球。

（23）$Na_{0.75}Nd_{0.75}(ReO_4)_3$ 单晶的合成。

$Nd(ReO_4)_3$ 与过量的 NaCl 在 820℃下反应可形成 $Na_{0.75}Nd_{0.75}(ReO_4)_3$($P6_3/m$，$Z = 2$，$a = 1000.0(1)$，$c = 636.08(5)$pm，$R_{all} = 0.0206$)，生成物呈六方单晶结构，并显示淡紫色。温度升高，$NaReO_4$ 和 $Nd(ReO_4)_3$ 的固态反应也可获得单相粉末样品 $Na_{0.75}Nd_{0.75}(ReO_4)_3$[23]。

2.1.2　铼与腈类化合反应

（1）腈插入的配合物的合成。

$(CO)_5ReNa$ 与 $ClCH_2COR^1$ 通过烷基化反应可得到 2-烷氧基铼配合物 $(CO)_5ReCH_2COR^1$(R^1 = OEt,Me,Ph)。化合物 $(CO)_5ReCH(Me)CO_2Et$ 可以通过 $MsOCH(Me)CO_2Et$($Ms=CH_3SO_2^-$)用相同的方法制备。通过 $(Ph_3P)(CO)_4ReNa$ 与 $ClCH_2R^2$ 的烷基化反应可高产率制备的 *cis*-$(Ph_3P)(CO)_4ReCH_2R^2$ (R^2 = CO_2Et, CO_2Bu^t, $CONEt_2$, COMe, COPh, CN)。通过烷基化反应制得的 *cis*-$(Ph_3P)(CO)_4ReCH(Me)CO_2Et$ 和 $TfOCH(Me)CO_2Et$ ($Tf = CF_3SO_2^-$)，产率约为 75%。*cis*-$(Ph_3P)(CO)_4ReCH_2CO_2Bu^t$ 与 CF_3CO_2H 发生酸解反应，可生成 *cis*-$(Ph_3P)(CO)_4ReCH_2CO_2H$。在 120℃ 的条件下，由上述反应制得的

$(CO)_5ReCH_2COOEt$ 和 $(CO)_5ReCH(Me)CO_2Et$ 与过量 Ph_3P 在 R^4CN 中反应，可生成 *trans*-$(Ph_3P)_2(CO)_2ReNHC(R^4)C(R^3)CO(OEt)$($R^3$ = Me，R^4 = Me,Et,Pr^i,Ph)。腈复合物（R^3 = H，R^4 = Me）可以通过 *cis*-$(Ph_3P)(CO)_4ReCH_2CO_2Et$ 与三甲胺氮氧化物在 CH_3CN 中制得。80℃条件下，在苯中加热上述复合物可生成 *fac*-$(Ph_3P)(CO)_3ReNHC(Me)CHCO(OEt)$，进一步与 Ph_3P 反应，可以将其转化为 *trans*-$(Ph_3P)_2(CO)_2ReNHC(Me)C(Me)CO(OEt)$[24]。

（2）$[Re(SC(NH_2)_2)_6]Cl_3 \cdot 4H_2O$ 的合成。

在含有硫脲的强酸性溶液中，通过氯化锡还原高氯酸盐的反应合成了一种新型铼（III）配合物 $[Re(SC(NH_2)_2)_6]^{3+}$。该配合物与 $[Tc(tu\text{-}S)_6]Cl_3 \cdot 4H_2O$ 具有相同晶体结构。铼离子位于反演中心，与硫脲的 6 个 S 原子构成准八面体配位[d(Re—S) 为 2.412(2)~2.429(2)Å]。硫脲的平均键距与 Tc 类似物相近[d(S—C) = 1.746(8); d(C—N) = 1.32(1)Å][25]。

（3）$Re_2C1_4(Ph_2PCH_2PPh_2)_2$ 与腈的反应。

利用叁键配合物 $Re_2C1_4(dppm)_2$（dppm = $Ph_2PCH_2PPh_2$）与腈（RCN）的反应可生成 $[Re_2C1_3(dppm)_2(NCR)_2]X$ 型化合物（X = Cl^-，PF_6^-；R = CH_3，C_2H_5，C_6H_5；4-PhC_6H_4)[26]。研究表明，$[Re_2C1_3(dppm)_2(NCC_2H_5)_2]Cl$ 的反应是通过两个步骤进行的，$Re_2Cl_4(dppm)_2$ 的一个铼原子与腈反应，生成 1∶1 的配合物；氯起到侨联作用使腈与另一个铼原子配位，同时失去氯离子形成双腈基离子配合物。配合物 $[Re_2Cl_3(dppm)_2(NCC_6H_5)_2]PF_6$ 为红色晶体，正交晶系，空间群 a = 15.606(2)Å，b = 24.604(4)Å，c = 18.326(3)Å，V = 7037(3)Å^3，Z = 4。该配合物阳离子中的 Re—Re 键是扭曲的，P—Re—Re—P 的扭曲角度约为 22.2°，扭曲的分子以系统无序的方式排列。

（4）铼（III）和铼（IV）的异硫氰酸酯配合物。

硫氰酸钠与 $Re_2Cl_8^{2-}$ 反应可得到配合物阴离子 $Re_2(NCS)_8^{2-}$ 或 $Re(NCS)_6^{2-}$，生成物的种类取决于反应条件。使用酸性介质更有利于铼（III）双核的生成，而使用丙酮为溶剂则易使铼氧化，生成 $Re(NCS)_6^{2-}$。$[(C_4H_9)_4N]_3[Re_2(NCS)_{10}(CO)_2]$ 可在制备 $(C_4H_9)_4N]_2Re(NCS)_6$ 的过程中分离得到，其中存在的羰基可能来源于丙酮。含 $Re_2(NCS)_8^{2-}$ 的溶液与三苯基膦反应，可得到绿色络合物（$[(C_4H_9)_4\text{-}N]_2[Re_2(NCS)_8(P(C_6H_5)_3)_2]$）[27]。

（5）六核铼簇配合物 $Cs_3K[Re_6(\mu_3\text{-}S)_6(\mu_3\text{-}Te_{0.66}S_{0.34})(CN)_6]$ 的合成。

Re_6Te_{15} 首先与熔融的 KSCN 反应，然后用 CsCl 的水溶液进行处理，可得到

六核配合物铼盐 $Cs_3K[Re_6(\mu_3\text{-}S)_6(\mu_3\text{-}Te_{0.66}S_{0.34})(CN)_6]$[28]。结构分析结果表明，它的阴离子对称位点为$\bar{3}$。$Re_6$ 构成的八面体与 6 个(μ_3-S)及复合物(66%Te＋34%S)的两个反混 μ_3-X 配体配位，且在其配位环境中有六个几乎线性的末端 CN 配体。

（6）$Re(O)C1_3(Me_2S)(OPPh_3)$和 $Re(O)C1_3(CNCMe_3)_2$ 的合成。$Re(O)C1_3(OPPh_3)_2$(I)与 Me_2SO 反应可生成 $OPPh_3$ 和 $Re(O)C1_3(Me_2S)(OPPh_3)$(II)，而非 $Re(O)C1_3(Me_2S)(PPh_3)$。氧-18 标记实验表明，化合物 I 和 II 是氧原子从 Me_2SO 转移到 PPh_3 上的催化剂。铼中心是 Me_2SO 配体的路易斯酸活化剂，铼羰基几乎不参与反应，但其可能与 $Me_2S^{18}O$ 发生氧原子交换。化合物 II 是制备 $Re(O)C1_3L_2$ 型复合物的优良原料，其中 L 为异腈、膦配体及联吡啶等。化合物 $Re(O)Cl_3\text{-}(CNR)_2$(R = CMe_3(IV)、$CHMe_2$、C_6H_{11})是一类稀有的高价腈复合物[29]。

2.1.3 铼与 PPh_3 化合反应

（1）$ReCl_3(R_2AdH)_2(PPh_3)$的合成。

将 $ReCl_3(MeCN)(PPh_3)_2$(0.20g，0.23mmol)与二烷基腺嘌呤 R_2AdH（0.92mmol，R=Me，Et）在 40mL 甲苯中加热。初始的不溶物在达到沸点后会形成暗橙色溶液，随后停止加热。向所得溶液中加入己烷，加速沉淀，冷却后进行过滤，除去溶剂及未反应物质，最终可获得橙色固体 $ReCl_3(R_2AdH)_2(PPh_3)$[30]。

（2）铼的金属羧酸盐的合成。

以 $NaCO_3$ 为反应介质，利用新型金属羧酸盐 Cp*Re(CO)(NO)COOH、Ph_3SnCl 和 $Re(CO)_4\text{-}(PPh_3)(F\text{-}BF_3)$ 的反应，可制得相应的 CO_2-侨联配合物 $Cp^*Re(CO)(NO)(CO_2)SnPh_3$ 和 $Cp^*Re(CO)(NO)(CO_2)Re(CO)_3(PPh_3)$，所得配合物表现出 $CO_2\,\mu_2\text{-}\eta^3$ 不同的侨联方式[31]。

（3）铼（V）的二膦配合物的合成。

以 $Re^V(O)_2^+$阳离子为核心，通过控制反应条件将$[Re(O)_2(PPh_3)_2I]$转化为$[Re(O)_2L_2]I$ 配合物，其中 L 为二(1,2-二苯基膦基)乙烷，双(1,3-二苯基膦)丙烷。Re—O 键的平均值为 1.77 Å，与其他铼（V）的二氧配合物相似；双膦配体形成的五元环和六元环为 λ 和 δ 的构象[32]。

（4）$[ReO(Me_4tu)_4](PF_6)_3$(tu =硫脲)的合成。

在强酸性溶液中，过量的四甲基硫脲在氯化亚锡（II）作用下还原高铼酸盐可合成新型含有四甲基硫脲的 Re^V 化合物$[ReO(Me_4tu)_4](PF_6)_3$。具体合成方法为：$SnCl_2\cdot 2H_2O$（200mg，0.89mmol）溶解于 HCl 中，取此溶液 360mg，加入甲基硫脲（Me_4tu，2.72mmol）和 80mg 的 NH_4ReO_4（0.298mmol），得到暗红色的悬浮液；将溶液在室温下搅拌过夜，离心后取上层暗红色清液，向其中加入 0.5mL、6N 的 $NaPF_6$ 水溶液，颜色消失后，用离心法分离出橙红色固体，并用 3 份 2mL 的水冲洗，于 8～10℃缓慢蒸发结晶，得到的配位化合物为四棱锥结构[33]。

2.1.4 铼与羰基化合反应

（1）五羰基铼自由基的反应。

乙醇中各种有机铼化合物通过脉冲辐解或是异辛烷溶液中 $Re_2(CO)_{10}$ 通过闪光光解均会生成 $Re_2(CO)_5^*$自由基[34]。该自由基的光吸收带在可见光区域，最大摩尔消光系数为 535nm。在乙醇中，各相关物质的溶剂化电子反应速率常数为 $Re(CO)_5Br$（$6.7\times10^9\ mol^{-1}\cdot s^{-1}$），$Re(CO)_5SO_2CH_3$（$6.6\times10^9\ mol^{-1}\cdot s^{-1}$），$Re_2(CO)_{10}$（$7.8\times10^9\ mol^{-1}\cdot s^{-1}$）。在 22℃的四氯化碳及乙醇溶液中，$Re(CO)_5^*$和 $Mn(CO)_5^*$的反应速率常数值分别为 $3.9\times10^7\ mol^{-1}\cdot s^{-1}$ 和 $6.1\times10^5\ mol^{-1}\cdot s^{-1}$，表明五羰基铼自由基的反应性为五羰基锰自由基的 65 倍以上。在异辛烷中，$Re(CO)_5^*$的重组速率常数为 $2k_7 = 5.4\times10^9\ mol^{-1}\cdot s^{-1}$。

（2）铼阳离子-氢配合物的合成。

$ReX(PR_3)_2(CO)_3$（X = H、CH_3）和$[H(Et_2O)_2]B\text{-}(Ar')_4$在氢气下可发生质子化，得到铼阳离子的二氢配合物$[Re(H_2)(PR_3)_2(CO)_3]B(Ar')_4$（$PR_3$ = PCy_3、$PiPr_3$、$PiPrPh_2$、PPh_3，Ar' = 3,5-$(CF_3)_2C_6H_3$）[35]。在真空或氩气中，配合物很容易失去氢，形成 16^-电子的复合物。在固体状态下，$[Re(PCy_3)_2(CO)_3]B(Ar')_4$的膦配体 βC—H 键表现出一种抓氢作用。$[Re(H_2)(PCy_3)_2(CNtBu)_3]B(Ar')_4$ 与氢的结合力要高于 $[Re(H_2)(PCy_3)_2(CO)_3]$ $B(Ar')_4$。

（3）铼羰基与 $C1O_4^-$、$PO_2F_2^-$的配位衍生物。

配合物 $Re(CO)_5C1O_4$、$Re(CO)_5PO_2F_2$、$L_2(CO)_3Re(OC1O_3)$和 $L_2(CO)_3Re(PO_2F_2)$（其中 L_2= 2,2'-联吡啶(bpy)）可通过各自的铼羰基溴化铵前体中提取溴化物的反应合成[36]。

（4）双配位体转移反应制备环戊二烯三羰基铼配合物。

利用独特的双配位体转移反应可制备取代的环戊二烯三羰基铼配合物[37]。在该反应中，氢氧化钾的高铼酸盐（VII）通过三氯化铬和六羰基铬处理可被还原并羰基化，得到烷氧基羰基铼（I）中间体；该中间体通过 Cp 与酰基取代的二茂铁的双配位体转移反应，生成相应的（酰基-环戊二烯基）三羰基铼络合物。强配位溶剂，如甲醇等，可促进高铼酸盐的还原，羰基取代的共轭 Cp 环是将铁转换为铼的关键。此方法对于合成铼和锝的有机金属放射性药物具有潜在应用价值。

（5）由聚苯乙烯嵌段-聚（4-乙烯基吡啶）与铼（I）2,2'-联吡啶配合物的官能化。

在高氯酸银的存在下，聚（4-乙烯基吡啶）嵌段与 2,2'-联吡啶（环戊二烯三羰基）氯化铼（I）发生络合反应生成相应配合物[38]。所得的聚合物-金属配合物能够在不同的溶剂系统中形成具有不同结构性质的胶束微粒。

（6）铼磷基硫醇盐配合物的合成。

高铼酸铵、盐酸水溶液和配体$(2\text{-}HSC_6H_4)P(C_6H_4X)_2$，其中 X = H 或 $SH[\text{-}(SH)_x$ $(x\text{=}1.3)]$，在乙醇中反应可制备一系列铼配合物$[Re\{P(C_6H_4S)_3\}\{P(C_6H_4S)_2(C_6H_4SH)\}]$、$[ReOCl\{OP(C_6H_5)_2(C_6H_4S)\}]$和$[ReOCl\{OP(C_6H_5)_2(2\text{-}SC_6H_3\text{-}3\text{-}SiMe_3)\}_2]$。$[Re\{P(C_6H_4S)_3\}\{P(C_6H_4S)_2(C_6H_4SH)\}]$与三乙胺反应，通过硫醇配位体的去质子化可进一步生成$[HNEt_3][Re\{P(C_6H_4S)_3\}_2]$。高铼酸铵与 P—(SH)反应可生成双核配合物$[ReOCl\{OP\text{-}(C_6H_5)_2(2\text{-}SC_6H_3\text{-}3\text{-}SiMe_3)\}_2]$[39]。

（7）铼（V）的含氧单体与三苯基氧化膦及不对称/对称杂环配体的混合配位。

以 $ReOCl_3(Me_2S)(OPPh_3)$为 ReO^{3+}或 $ReOCl_x^{(3-x)+}$的有效来源，通过配体交换可合成不同的铼配合物[40]。$ReOCl_3(OPPh_3)(L)$（L = 1, 5, 6-三甲基苯并咪唑(Me_3Bzm)，3,5-二甲基吡啶(3,5-lut)，吡啶(py)）配合物是通过等量的 $ReOCl_3(Me_2S)(OPPh_3)$和相应配体 L 制备的。由于 $OPPh_3$ 具有不稳定性，这类混合配体配合物的合成是比较困难的。加入非配位的三乙胺可得到$[HNEt_3][ReOCl_4(OPPh_3)]$配合物，其中的阴离子常被假定为某些合成方案的中间体。$ReOCl_3(OPPh_3)(Me_3Bzm)$与 3,5-lut 或 py 的等价物反应可导致混合配体配合物析出可分别得到$Re_2O_3Cl_4(Me_3Bzm)_2(3,5\text{-lut})_2$和 $Re_2O_3Cl_4(Me_3Bzm)_2(py)_2$。

（8）铼与二苯基（2-吡啶基）膦的配合物。

双齿配体二苯基-(2-吡啶基)膦与$(NEt_4)_2[M^IX_3(CO)_3]$（M = Re，Tc；X = Cl, Br）反应，可得到的$(NEt_4)_2[M^IX_3(CO)_3(PPh_2py\text{-}P)]$或者$(NEt_4)_2[M^IX(CO)_3(PPh_2py\text{-}P)_2]$配合物，且配合物种类取决于所用配体的量[41]。其与$(NBu_4)[Tc^{VI}NCl_4]$反应可生成$[Tc^VNCl_2(PPh_2py\text{-}P)_2]$，而与$(NBu_4)[ReOCl_4]$反应时，可得到$[Re^VOCl_3(PPh_2py\text{-}P, N)]$、$[Re^VOCl_3(OPPh_2py\text{-}O, N)]$、$[Re^{IV}OCl_4(OPPh_2py\text{-}O, N)]$和$[Re^{IV}OCl_3(OPPh_2py\text{-}O, N)]$四种配合物，金属配位中心的还原反应需在 PPh_2py 过量及回流加热条件下实现。铼（I）羰基配合物和$[Tc^VNCl_2(PPh_2py\text{-}P)_2]$可与磷进行单齿配位。

（9）双配位体转移合成环戊二烯三羰基铼苯基托烷配合物的合成。

利用二茂铁和高铼酸的双配位体转移（double ligand transfer，DLT）可制备环戊二烯三羰基铼（$CpRe(CO)_3$）配合物体系，其具有优异的官能团耐受性[42]。通过该反应制备的 $CpRe(CO)_3$-苯基托烷络合物，经过锝-99m 标记后可以作为多巴胺转运蛋白（dopamine transporter，DAT）系统的成像剂，以用于评估帕金森病的发病概率和严重程度。

2.1.5 铼与咪唑化合

高铼酸盐-偶氮咪唑的合成。在含有高氯酸的 $KReO_4$ 水性介质中，加入 $RaaiCH_2Ph$（1-苄基-2-（氮芳基）咪唑）的甲醇溶液，可分离出棕色产品：一水合高铼酸-1-苄基-2-（氮芳基）咪唑，该化合物是通过氢键作用形成的交联网络结构[43]。

2.1.6 铼与吡啶化合

（1）μ-氢氧化-双[(2,2-联吡啶)-三羰基铼(I)]高铼酸盐。

$[Re_2(OH)(C_{10}H_8N_2)_2(CO)_6][ReO_4]$是一种含有离散阴离子和阳离子的混合价态铼化合物[44]。Re^I 原子周围呈近似扭曲的八面体配位环境，而 Re^{VII} 原子则具有典型的四面体配位模式。

（2）低价铼多吡啶配合物。

Re(I)多吡啶配合物被设计用于酪氨酰自由基的分子内光生作用。酪氨酰（Y）和苯丙氨酸（F）通过一个胺基连接在联吡啶配体上被附加到一个传统的 $ReI(bpy)(CO)_3CN$ 结构上。$Re(bpy\text{-}Y)(CO)_3CN$ 和 $Re(bpy\text{-}F)(CO)_3CN$ 的比较时间分辨发射淬火和瞬态吸收光谱结果表明，Y 只有在 pH 为 12 时才可以被氧化。Re(I)多吡啶配合物通过在侧臂膦配体上增加一个胺基功能化制备的。$[Re(phen)(PP\text{-}Bn)(CO)_2](PF_6)$[PP=双（二苯基膦）乙基]配合物的电化学和荧光结果表明，此配合物对于酪胺基来说是一个激发态，类似于$(bpy)ReI(CO)_3CN$ 结构。激发态的氧化能力可以通过 $ReI(NN)(CO)_3^+$结构与一个单齿膦配体的配位来增加三苯基膦附加在 $[Re(phen)(P\text{-}Y)(CO_3)](PF_6)$ 可以使得 Y 在所有 pH 值范围内氧化。

（3）铼（III）-双（三联吡啶）配合物的合成。

利用 2 摩尔当量的三联吡啶，通过还原或取代 $[Re^VO_2(pyridine)_4]^+$ 可制备七配位的铼(III)配合物$[Re(terpy)_2OH]^{2+}$，其中，terpy = 2,2'、6',6''-三联吡啶[46]。ReO_4^-

的生成意味着在制备过程中发生了歧化反应。在低 pH 下以 Cl^- 或 NCS^- 取代羟基配体，可以更快地生成 $[Re(terpy)_2OH]^{2+}$ 或 $[Re(terpy)_2NCS]^{2+}$ 配合物。

（4）发光 2,2'-联吡啶铼配合物的合成。

Caspar 等使用新方法制备了新型的 2,2'-联吡啶络合物：*fac*-$Re^{III}(bpy)(P)Cl_3$，*trans*、*cis*-$[Re^{III}(bpy)(P)_2Cl_2]^+$、*trans*、*cis*-$[Re(bpy)_2(P)_2Cl_2]^+$ 及 *cis*-$[Re(bpy)_2(CO)_2]^+$[47]。*cis*-$[Re(bpy)_2(CO)_2]^+$ 是一种极难得的双（联吡啶）铼络合物。$Re^I(bpy)$ 络合物溶液在室温下具有发光性质，表明了其在光化学能量转换领域的潜在效益。

（5）离子液体 *N*-戊基吡啶高铼酸盐。

Wang 等合成了一种新型的对空气和水稳定的金属离子液体 $PPReO_4$[48]，在 293.15～343.15K 的温度条件下测定了其密度和表面张力，并通过外推法得到了相应的表面熵。

（6）铼-双-联氨嘧啶与硫醇盐或席夫碱配合物的合成。

高铼酸盐与双-联氨嘧啶在 MeOH-HCl 中反应得到 $[ReCl_3(\eta^1\text{-}NNC_4H_3N_2H)(\eta^2\text{-}HNNC_4H_3N_2)]$，其与嘧啶-2-硫醇和三乙胺反应生成 $[Re(\eta^1\text{-}C_4H_3N_2S)(\eta^2\text{-}C_4H_3N_2S)(\eta^1\text{-}NNC_4H_3N_2)(\eta^2\text{-}HNNC_4H_3N_2)]$，与席夫碱反应则有 $[Re(\eta^3\text{-}SC_6H_4N{=}C(H)C_6H_4O)(\eta^1\text{-}NNC_4H_3N_2)(\eta^2\text{-}HNNC_4H_3N_2)]\cdot 0.6CH_2Cl_2$ 生成[49]。$[Re(\eta^3\text{-}SC_6H_4N{=}C(H)C_6H_4O)(\eta^1\text{-}NNC_5H_4N)(\eta^2\text{-}HNNC_5H_4N)]$ 也可通过 $[ReCl_3(\eta^1\text{-}NNC_5H_4NH)(\eta^2\text{-}HNNC_5H_4N)]$ 与 $HSC_6H_4N{=}C(H)C_6H_4OH$ 的反应得到。

（7）铼与 N, N'-双（2-甲基吡啶）乙二胺的反应。

以 $[NH_4]\text{-}[ReO_4]$ 为反应物可使铼与 N,N'-双(2-甲基吡啶)乙二胺(H_2pmen)结合，并通过盐酸的水解及取代反应得到 $[NH_4]\text{-}[ReO_4]$、$[ReOCl_2(H_2pmen)]Cl$、$[ReOCl(Hpmen)][ReO_4]$ 和 $[ReO_2(H_2pmen)][ReO_4]$。研究表明，$[ReOCl(Hpmen)][ReO_4]$ 在水溶液中含有稳定的铼-酰氨键，胺上的 N-配体易于发生脱氢反应，同时还原为亚胺铼；由此可利用适宜的 3-羟基-4-吡喃酮合成三元配合物，如通过 $[NH_4]\text{-}[ReO_4]$、$(H_2pmen)\cdot 4HCl$ 和吡喃酮的反应可一步合成三元配合物 $[Re^{III}Cl(ma)(C_{14}H_{14}N_4)][ReO_4]\cdot CH_3OH$[50]。

2.1.7　铼与羧基化合

（1）铼氢化物的二氢衍生物与羧基的氢交换反应。

$Re(CO)H_2(NO)L_2$ 配合物（L = $PiPr_3$(la)，$P(OiPr)_3$(lb)，PMe_3(1c)）与化学计量或过量的 CF_3COOH 发生质子化可生成 $Re(CO)H(NO)L_2(OOCCF_3)$(L = $PiPr_3$(3a)，

P(OiPr)$_3$(3b)，PMe$_3$(3c))和二(三氟代乙酰)复合物 Re(CO)(NO)L$_2$(OOCCF$_3$)$_2$(L = PiPr$_3$(4a)，P(OiPr)$_3$(4b)，PMe$_3$(4c))[51]。

（2）环戊二烯基三羰基铼羧酸的合成。

Top 等利用高铼酸铵 NH_4ReO_4 快速制备了环戊二烯基三羰基铼羧酸(η^5-C_5H_4COOH)Re(CO)$_3$[52]。在温和条件下，将高铼酸盐转变为 $Re_2(CO)_{10}$，可有效降低 $Re_2(CO)_{10}$ 与环戊二烯羧酸在均三甲苯中的热反应。使用高铼酸盐的产率是35%，而使用纯 $Re_2(CO)_{10}$ 可以得到95%的产率。

（3）铼金属羧基复合物的合成与表征。

Re_2O_7 与 $KBpz_4$ 在四氢呋喃（tetrahydrofuran，THF）中反应可生成 Re（VII）配合物（Bpz_4）ReO_3[53]。该配合物是单体结构，铼周围的配体呈近似八面体排列，属单斜晶系，空间群 $C2/c$，a = 21.070(2)Å，b = 14.860(1)Å，c = 11.588(1)Å，β = 121.70(1)º，V = 3087(4)Å^3。含有相同聚硼酸盐配体的 Re(V)络合物(Bpz_4)$ReOCl_2$ 可通过(Bpz_4)ReO_3 与 Me_3SiCl 和 Ph_3P 的反应合成。

（4）铼羧酸配合物三（p-i-丁羧酸）二（氯化铼（III））高铼酸盐。

铼(III)氯化物与异丁酸在有氧条件下反应可得到三(μ-i-丁羧酸)二(氯化铼(III))高铼酸盐配合物[54]，该配合物晶体属单斜晶系，单晶结构显示两种 Re 环境，一个是由三个羧基和高铼酸盐中的氯原子桥连成二聚体，一个是由高铼酸盐基团桥连。在后者的晶格中，Re—O 的平均键距为 1.74 Å，在二聚体中共享一个氧原子，Re—O 键的间距为 2.28 Å[54]。

2.1.8 铼与杂环化合

（1）铼（III）、铼（V）和铼（VII）三氮环烷配合物阳离子的氧原子转移反应。

Re(O)Cl$_3$(Me$_2$S)(OPPh$_3$)与 1, 4, 7-三甲基三氮杂环壬烷反应可得到产率较高的含铼阳离子$[Re(O)Cl_2(Me_3tacn)]^+$[55]。未取代的 tacn$[Re(O)Cl_2(tacn)]^+$和$[Re(O)_3(tacn)]^+$可以在缺氧条件下形成，且 [Re(V)- Re(VII)]的氧化可以用弱氧化剂，如 Me_2SO 和 I_2 完成；然而，对于$[Re(O)Cl_2(Me_3tacn)]^+$，则需要在 80℃的硝酸中反应一个月以上才能实现。配合物$[Re(O)Cl_2(Me_3tacn)]^+$的氧原子转移到磷上进而可发生[Re(V) ⟶ Re(III)]的还原反应，形成$[Re\text{-}(OPR_3)Cl_2(Mc_3tacn)]^+$(R=Ph，Me)。$[Re(OPPh_3)Cl_2(Mc_3tacn)]^+$中的 $OPPh_3$ 配体很容易被中性配体乙腈或丙酮取代，丙酮配合物$[Re(O{=}CMe_2)C1_2(Me_3tacn)]^+$与氧原子供体 ^{n}BuYCO·$OAsPh_3$·$Me_2SO$、环氧乙烷、吡啶 N-氧化物和 N_2O 反应，容易发生[Re(III) ⟶ Re(V)]的氧化反应。

（2）铼与环糊精的络合及模板法合成配合物。

使用小型亲脂性 β-环糊精（β-CD）和其二聚体可以制备铼的饱和配合物[56]。二聚体的使用可获得大于 $10^9 mol^{-1}$ 的缔合常数，β-CD 的使用可使这些铼配合物在水中络合，产量高，反应时间和温度对反应产物的结构有影响。

（3）铼与 N-杂环卡宾配合物。

Braband 等对铼与二甲基咪唑-2-亚基的 N-杂环卡宾和 1,2,4-三唑-5-亚基类的配位进行了概述[57]，探讨了电子和空间位阻因素对金属配合物稳定性的影响。铼与 N-杂环卡宾（N-heterocyclic carbene，NHC）配体的配位化学研究相对较少，但最近的一些研究工作表明，这类配合物的中心金属具有高氧化态，且具有良好的稳定性，这种稳定性归因于配体的大空间体积，可以对中心金属进行有效屏蔽。新型的含氧、氮和亚氨基核的 Re（V）配合物是进一步研究的关键，其在癌症治疗与诊断以及治疗性核医学中具有潜在应用。此外，新型的 Re（I）三羰基 NHC 配合物具有良好的发光性能，也具有潜在的研究意义。

（4）铼胺苄基配合物。

配合物$[Re(CO)_2(\eta^1\text{-}CH_2Ph)\{NH(Me)CH_2CH_2(\eta^5\text{-}C_5H_4)\}]^+Br^-$中去除 CO 配位体即可得到 η^3 苄基配合物[58]。该化合物可溶于乙腈中时，η^3 转换为 η^1，因此可通过蒸发进一步除去乙腈和不稳定的 η^3-苄基配合物。η^3-苄基复合物$[Re(CO)(\eta^3\text{-}CH_2Ph)\{NH(Me)CH_2CH_2(\eta^5\text{-}C_5H_5)\}]^+BF_4^-$在空气和水中是稳定的。

2.1.9　铼与四氢呋喃化合

（1）$ReO[OC(CF_3)_2Me]_3(THF)_2$ 配合物的合成。

3 当量的 $KOC(CF_3)_2Me$ 与 $ReOCl_3(PPh_3)_2$ 在二氯甲烷中反应，而后用己烷/四氢呋喃对产物进行重结晶，可得到 $ReO[OC(CF_3)_2Me]_3(THF)_2$，产率为 35%[59]。在该配合物晶体中，三个醇盐配体围绕中心金属铼呈面心排列，构成一个扭曲的八面体结构，配位环境较拥挤，因为 Re—O 键被拉长，同时一个 THF 配位到中心金属上。3,3-二苯基环丙烷与 $ReO[OC(CF_3)_2Me]_3(THF)_2$ 在二氯甲烷中反应，可得到两种异构结构的铼氧-乙烯亚烷基配合物 $ReO[C(H)\text{-}CH{=}CPh_2][OC(CF_3)_2Me]_3(THF)$，产率 87%，其单晶结构为准八面体。$ReO[C(H)\text{-}CH{=}CPh_2][OC(CF_3)_2Me]_3(THF)$与中间烯烃或末端烯烃不反应[59]。

（2）铼的二氮杂配合物（I）的合成。

4-（(烷氧基苯甲酰）氧化）苯胺和乙二醛反应可得到新型的 N,N'-二（4-（(4-

烷氧基苯甲酰）氧化）苯胺）-1,4-二氮-1,3-丁二烯-（L）配体，其与不同的$[ReX(CO)_3]$片段配位，可得到配合物$[ReX(L)(CO)_3]$（X=Cl, Br, I）和$[Re(CF_3SO_3)(L)(CO)_3]\cdot THF$[60]。相应的氯和溴的配合物可由配体与$[ReX(CO)_5]$（X=Cl，Br）直接反应得到。

2.1.10 铼与胺类化合

（1）铼（VII）二（亚胺）新戊基烯配合物的合成。

$ReO_3(OSiMe_3)$和 ArNCO（Ar = 2, 6-二异丙基苯）反应可生成 $Re_2O_x(NAr)_{7-x}$的混合物，其中 $Re_2O_2(NAr)_5$ 的分离产率为 30%[61]，用 3 当量的 py·HCI(py = 吡啶)处理，可得到 $Re(NAr)_2(py)Cl_3$，分离产率为 70%～80%。向 $Re(NAr)_2(py)Cl_3$ 中添加 0.65Eq 的 $Zn(CH_2\text{-}t\text{-}Bu)_2$，可得到 $Re(NAr)_2(CH_2\text{-}t\text{-}Bu)Cl_2$，分离产率为 75%。用二氮杂二环（1,8-Diazabicyclo[S.4.0]undec-7-ene，DBU）使 $Re(NAr)_2(CH_2\text{-}t\text{-}Bu)Cl_2$发生脱卤化氢的反应，可定量生成 $Re(NAr)_2(CH\text{-}t\text{-}Bu)Cl$，其用 LiOR(OR 为 $OCH(C\text{-}F_3)_2$ 或 O-2，6-$C_6H_3\text{-}i\text{-}Pr_2$)处理可得到 $Re\text{-}(NAr)_2(CH\text{-}t\text{-}Bu)(OR)$化合物。

（2）铼（I）和铼（II）胺类二氮配合物的制备。

Chin 等制备了一系列含胺配体的铼二氮配合物[62]。经过 AgOTf 氧化后，*fac*-$[Re(PPh_3)(PF_3)(dien)(N_2)]^+$可被三氟甲磺酸酯取代，生成 *fac*-$[Re(PPh_3)(PF_3)(dien)(OTf)]OTf$，其可作为铼（II）和铼（I）胺类络合物的前体。在 1 个大气压的氢气条件下，可将 *fac*-$[Re(PPh_3)(PF_3)(dien)(OTf)]OTf$ 还原，生成配合物 *fac*-$[Re(dien)(PPh_3)(PF_3)(dien)(H_2)]^+$。氢配体的扭曲归因于饱和氮配体的供电子能力和反式胺配体弱场性质的共同作用。

（3）稳定非环铼（V）二氧配合物的合成。

Parker 等通过反式-$ReOCl_3(PPh_3)_2$ 与无环四胺配体 1,4,7,10-四癸烷（L^1）、1,4,8,1l-四癸烷（L^2）和 1,5,9,13-四癸烷（L^3）的反应，一步合成了配合物$[L^nRe^VO_2]^{-1}$。利用分光光度法检测了含氧配体的连续质子化作用：在 6mol/L 盐酸中发生可逆的质子化作用，在 18mol/L 硫酸中发生不可逆质子化作用。最后，利用核磁共振氢谱和碳谱，揭示了通过$[L_2ReO_2]^+$的六氟磷酸盐（$[L_2ReO_2]PF_6$）重结晶，可得到$[L_2ReO_2]^+$的单一非对映异构体。

（4）铼（I）-三羰基二亚胺配合物。

Wenger 等合成了$[Re(diimine)(CO)_3(dpe)](PF_6)$（dpe = 1,2-二（4-吡啶）-乙烯）配合物[64]。顺式-dpe 配合物被紫外光激发后会发黄光，而反式结构的配合物则不发光。顺式-dpe 配合物的发光量子产率高度依赖于二亚胺配体的性质。反式-dpe

配合物在被照射（350nm）后会转变为顺式-dpe 配体，异构化的量子产率为 0.2。经过长时间 350nm 下的照射，会形成约 70%顺式和 30%反式-dpe 配合物的稳定状态。在 250nm 激发光照射下，可实现诱导顺式-dpe 配体异构化，生成反式-dpe 配体，同时黄光消失。

（5）手性铼亚胺和亚甲基酰胺配合物的合成、结构和反应性。

在 25~110℃温度下，配合物（1）：$[(\eta^5\text{-}C_5H_5)Re(NO)(PPh_3)(OTf)]$与 R'(R)C=NR"（其中 R/R'/R" = Ph/Ph/H，Me/Ph/H，H/Ph/Me）反应，可得到 σ-亚胺配合物$[(\eta^5\text{-}C_5H_5)Re(NO)(PPh_3)(\eta^1\text{-}N(R")=C(R)R')]^+TfO^-$，产率为 79%～88%。$[(\eta^5\text{-}C_5H_5)Re(NO)(PPh_3)(NH_3)]^+TfO^-$ 和 *n*-BuLi 反应后，再与 R'(R)C=O（其中 R/R'/R" = Me/Me/H，Me/Et/H，$(\text{-}CH_2\text{-})_5$/H，H/Ph/H，H/CH=CHMe/H（加入 TfOH））反应，可生成相应的$[(\eta^5\text{-}C_5H_5)Re(NO)(PPh_3)(N{\equiv}CR')]^+$ TfO 配合物，产率为 56%～87%。$[(\eta^5\text{-}C_5H_5)Re(NO)(PPh_3)(N{\equiv}CR')]^+$ TfO 和 R^-反应后，再与 TfOH 反应，可生成配合物 $[(\eta^5\text{-}C_5H_5)Re(NO)(PPh_3)(NH{=}CRR')]^+$ TfO（其中 R/R'/R" = *p*-tol/*p*-tol/H 和 H/Me/H），产率为 78%～98%[65]。

2.1.11　甲基铼氧化物

（1）无水铼过氧化络合物：（六甲基磷酰胺）甲基（氧代）双（η^2-过氧）铼（VII）。

在不同有机物和金属有机化合物催化氧化反应中，CH_3ReO_3/H_2O_2 体系中的水分子可以稳定铼中心。用适量的六甲基磷酰胺（HMPA）将水分子取代，得到（六甲基磷酰胺）甲基（氧代）双（η^2-过氧）铼（VII）晶体，属单斜晶系，它在烯烃氧化中的催化性能与 H_2O_2 类似[66]。

（2）双（烷氧基）铼（VII）配合物。

高氧化态有机铼化合物，如甲基三氧化铼（CH_3ReO_3，MTO），对 1-3 烯烃的氧化反应、烯烃复分解反应等具有优异的催化性能。其中，环氧化物的生成是一个关键步骤。铼（VII）螯合双（二元酸盐）配合物可以通过甲基三氧化铼（VII）与 2,3-二甲基-2,3 –二醇回流合成。由双 Cp*Re 氧化物与 Cp*ReO-（二元酸盐）螯合来制备上述系列配合物是一种非常简便的方法[67]。

（3）甲基三氧化铼的无毒、高产率合成。

甲基三氧化铼（VII）（methyltrioxorhenium，MTO）是一种多功能催化剂，开发其无毒、高产量的合成方法对其工业应用具有重要意义。以高铼酸银与乙酸甲基锌为原料，相比其他体系具有良好的适用性，且易于操作，可以实现廉价，大规模地合成 MTO[68]。

2.1.12 铼与吡唑化合

（1）含 η^2-吡唑配体的铼氧化合物。

吡唑啉酸钾盐（pz = 二-3,5-叔丁基吡唑，pz' = 二-3,5-叔丁基-4-甲基吡唑）与 Re_2O_7 反应得到$[(\eta^2\text{-pz})ReO_3(THF)_n]$ (1：pz，$n = 1$ 和 2：pz'，$n = 0$)型的可溶性 η^2-吡唑配合物[69]。配合物 1 的配位体在 4 位发生质子反应，保留一个十二烷基硫酸钠，而额外的甲基基团则生成游离化合物 2。配合物 1 与吡啶、3,5 -二甲基吡啶三者反应，形成不同的路易斯碱加合物$[(\eta^2\text{-pz})ReO_3(L)]$(3：L = py；4：L = 3,5-$Me_2$py)。配合物 1 与 1Eq 的水反应可生成配合物$[ReO_4]$ $[pzH_2]$(5)，说明这类配合物对水具有显著的敏感性，其固态结构为二聚体形式。该配合物可用于催化二甲基亚砜转化为三苯基膦的氧原子转移反应和双（三甲基甲硅烷基）过氧化物的环辛烯的环氧化反应。

（2）铼与稳定配位体四（吡唑-1-基）硼酸盐的配合物的合成。

Domingos 等通过 Re_2O_7 与 $KBpz_4$ 在 THF 中的反应得到了铼（VII）络合物$(Bpz_4)ReO_3$(1)[70]。该配合物为单体结构，铼周围的配体呈八面体的构型，属单斜晶系。通过化合物（1）与 MepSiCl 在 phpp 中的反应，可合成具有相同聚（吡唑）硼酸盐配体的铼（V）络合物$(Bpz_4)ReOCl_2$（2）。

（3）铼（V）氧络合物中烷基配体的选择性氧化。

DuMez 课题组通过$(HBpz_3)ReOCl_2$与二烷基锌、AgOTf 试剂的连续反应得到了铼(V)烷氧基三氟甲磺酸酯配合物$(HBpz_3)ReO(R)OTf$(R= Me(1), Et(2), *n*-Bu(3)；$HBpz_3$ = 氢化-三(1-吡唑基)硼酸盐；OTf =OSO_2CF_3)[71]。这些三氟甲磺酸酯化合物在控制环境温度的条件下，在吡啶 N-氧化物(pyO)和二甲亚砜(dimethyl sulf oxide，DMSO)的作用下可迅速氧化得到$(HBpz_3)ReO_3$(4)和相应的醛。对于配合物 2 和 3，这种转变近乎是定量的。在−47℃条件下，配合物 2 与 pyO 或 DMSO 反应，可形成内鎓盐或络合物$[(HBpz_3)ReO(OH)\{CH(L)CH_3\}]OTf$(L=py 或 SMe_2)的中间体。

2.1.13 铼与含硫物化合

（1）铼的 N_2S_2 双功能螯合剂。

Luyt 等开发了一种以 N_2S_2 为核与铼键合的双功能螯合剂，可以与生物分子氨基结合的羧酸基配位[72]。这种双功能螯合剂与铼（V）络合可生成两种大致等量的动力学异构体，反式-7 和顺式-7。用 0.5mol NaOH 对其进行差向异构化，可得到单一的反式异构体。

（2）分子八面体溴化亚硫酸铼簇合物：$(PPh_4)_2[Re_6S_6Br_8]\cdot CH_3C_6H_5$ 和 $(PPh_4)_3[Re_6S_7Br_7]$。

Fedorov 课题组在高温（550℃）及 KBr 存在的条件下，使 Re_3Br_9 与 PbS、$Re_6S_4Br_{10}$ 与 KNCS 分别反应，制备了不同铼的溴化亚硫酸盐簇合物[73]。前者反应可得到含$[Re_6S_6Br_8]^{2-}$的盐，后者反应则可得到含$[Re_6S_7Br_7]^{3-}$的盐。

（3）铼（V）的单胺单酰胺双（硫醇）含氧配合物。

O'Neil 课题组开发了一种新型的 N_2S_2 配体，可用于合成 Re（V）的含氧复合物[74]。S, S'-双（三苯甲基）N-苄基单胺-单酰胺（Bn-MAMA'-Tr_2）配合物由市售的半胱胺盐酸盐通过四步法合成。首先利用 S-三苯甲基对半胱胺盐酸盐进行保护，然后用胺官能团与溴乙酰溴的 N-酰基化反应得到相应的起始溴化物；而后将其与额外的 S-三苯甲基保护的半胱胺反应，即可得到 S,S'-双（三苯甲基）单胺-单酰胺配体（MAMA'-Tr_2）；通过与苄醇的甲磺酸盐的亲核取代反应实现 N 的烷基化，即得到硫醇保护形式的 N-苄基 MAMA' 配体。引入金属原子制备目标化合物，利用 $Hg(OAc)_2$ 和 H_2S 使硫原子脱保护，以提供游离的双（硫醇），使其可以与相应金属在碱性的甲醇介质中发生反应，即生成顺式和反式的取代金属（V）含氧配合物（Bn-MAMA'-M=O，metal=Re，^{99}Tc）。

（4）中性铼（V）与 S-取代 N_2S_2 的配合物。

通过 $RSC(CH_3)_2CH_2NH(O\text{-}C_6H_4)NHCH_2C(CH_3)_2SH$ 型的二氨基-硫醇-硫醚配体与 $ReOBr_4^-$反应，可得到中性铼（V）的含氧配合物[75]，其中 R=$CH_2CH{=}CH_2$ 和 $CH_2CH_2CH_3$，这两个络合物是以 $Re^VON_2S_2$ 为中心的方锥体结构。

（5）阳离子高铼酸盐$(C_{19}H_{25}N_2S)^+[ReO_4]^-$的合成。

Gowda 等合成了一种新型的乙氧丙嗪基阳离子高铼酸盐$(C_{19}H_{25}N_2S)^+[ReO_4]^-$，该晶体结构属单斜晶系。在晶体结构中，乙氧丙嗪基阳离子在二乙胺氮的末端被质子化，并通过氢键与$[ReO_4]^-$连接。

2.1.14　铼与不饱和烃化合

（1）锇（II）、钌（II）和铼（I）的 η^2-环戊二烯配合物的连续亲电/亲核加成。

用过渡金属的三氟甲磺酸盐合成了系列 $ML_5(\eta^2\text{-CpH})$型的 d^6 过渡金属配合

物，其中 ML_5= $[Os^{II}(NH_3)_5]^{2+}$、$[Ru^{II}\text{-}(NH_3)_5]^{2+}$ 和 $[Re^{I}(PPh_3)(PF_3)(dien)]^{+}$，合成的三氟甲磺酸盐通过结合亲电试剂(HOTf, $CH_2(OMe)_2$)可形成 η^2-烯丙基络合物[77]。用温和的1-甲氧基-1-（三甲基甲硅氧基）-2-甲基-1-丙烯（MMTP）碳亲核试剂处理这类π-烯丙基络合物，分离后即可以得到具有优异区域及立体可控性的取代 η^2-环戊烯衍生物。研究表明，对于上述三种体系来说，不论是亲核还是亲电加成均只发生于环的正面。

（2）通过金属丙烯中间体实现铼炔配合物酸催化异构化为铼丙二烯配合物。

铼炔配合物 $C_5Me_5(CO)_2Re(\eta^2\text{-}MeC{=}CMe)$(1)和 $C_5H_5(CO)_2Re(\eta^2\text{-}MeC{=}CMe)$(2)，以1-金属丙烯为中间体进行酸催化异构化，可得到铼丙二烯配合物 $C_5Me_5(CO)_2Re(\eta^2\text{-}2,3\text{-}MeHC{=}C{=}CH_2)$(3)和 $C_5H_5(CO)_2Re(\eta^2\text{-}2,3\text{-}MeHC{=}C{=}CH_2)$(4)。配合物1与 CF_3CO_2H 发生加成反应，首先得到产物 $C_5Me_5(CO)_2Re[\eta^2\text{-}(Z)\text{-}MeHC{=}CMeO_2CCF_3]$(5-Z)，随后会缓慢地异构化为热力学更稳定的5-E[78]。配合物2与 CF_3CO_2H 在−73℃下反应，只能得到 $C_5H_5(CO)_2Re[\eta^2\text{-}(E)\text{-}MeHC{=}CMeO_2CCF_3]$(6-E)；在−60℃下反应可得到比例为80∶20的6-E和6-Z的异构体混合物。

2.1.15 铼与卤化物化合

（1）高铼酸盐一步法转换为铼（IV）配合物：*trans*-$[ReCl_4(PMePh_2)_2]$的合成。

1mol的 $KReO_4$ 与含4mol二苯基甲基膦的盐酸水溶液，置于沸腾的乙醇中进行一锅反应，可得到反式-四氯-双（二苯基甲基膦）铼（I），且产率较高[79]。此法中 PPh_2Me/HCl 几乎是直接定量地将高铼酸盐还原为铼（IV）。将产物用氯仿/己烷重结晶可得亮红色晶体，属三斜晶系。

（2）铼（VI）顺-二氧卤代配合物的合成。

铼（V）-氧代-卤代-三氟甲磺酸酯$(HB(pz)_3)ReO(X)OTf$（1,X = Cl,Br,I）与1Eq的吡啶氮-氧化物反应，可形成稀有的铼（VI）顺式-二氧卤代化合物$[HB(pz)_3]ReO_2X$(2,X = Cl,Br,I)[80]。该类化合物可缓慢发生歧化反应，生成$[HB(pz)_3]ReO_3$和$[HB(pz)_3]ReOX_2$。

（3）铼-脎配合物 *fac*-$Re(CO)_3$(dpknph)*Cl 的合成。

$Re(CO)_5Cl$ 和 dpknph 在 PhMe 中反应，可得到具有较高产率的 *fac*-$Re(CO)_3$(dpknph)Cl 铼脎配合物[81]。该配合物显示出优异的电光学特性，在非线性光学和分子检测中具有潜在应用价值。

2.1.16　铼与硼酸盐化合

（1）含有氢化三（1-吡唑基）硼酸配位体的高氧化态铼配合物。

在过量的$(CH_3)_3SiX$(X = Br,Cl)存在下，铼（VII）配合物$[HB(pz)_3]ReO_3$(1)易被三苯基膦还原，得到相应的$[HB(pz)_3]ReOX_2$铼（V）配合物（X = Cl/Br，pz = pyrazolyl ($C_3H_3N_2$)）[82]。在DBU或$N(C_2H_5)_3$存在的情况下，$[HB(pz)_3]ReOCl_2$与1当量的苯硫酚在THF中回流反应，得到$[HB(pz)_3]ReO(Cl)(SC_6H_5)$。在碱性条件下，$[HB(pz)_3]ReOCl_2$与2Eq的苯硫酚在THF中回流反应，可得到$[HB(pz)_3]ReO(SC_6H_5)_2$。$[HB(pz)_3]ReOCl_2$与1,2-乙二硫醇在相似的条件下反应，得到$[HB(pz)_3]ReO(S_2C_6H_5)$和$[HB(pz)_3]ReO(S_2C_2H_4)$。

（2）铼与双（巯基咪唑基）硼酸盐和三（巯基咪唑基）硼酸盐的金属有机配合物。

有机硼氢化锂与2-巯基-1-甲基咪唑可在温和的条件下生成相应的新型聚硼酸盐的阴离子$[H(R)B(tim^{Me})_2]^-$[83]。$[Re(CO)_5Br]$或$(NEt_4)_2[Re(CO)_3Br_3]$与化学计量的$Li[H(R)B(tim^{Me})_2]$(R=Me，Ph)或$Na[HB(tim^{Me})_3]$反应可生成环戊二烯三羰基配合物$[Re\{k^3\text{-}R(\mu\text{-}H)B(tim^{Me})_2\}(CO)_3]$ (R=Me，Ph)和$[Re\{k^3\text{-}HB(tim^{Me})_3\}(CO)_3]$。

（3）铼（V）、铼（III）与四硼酸盐的配合物。

$[ReOCl_3(SMe_2)(OPPh_3)]$或$[ReOCl_3(PPh_3)_2]$与乙二醇和$K[B(pz)_4]$反应，可一步合成铼(V)络合物$[ReO(OCH_2CH_2O)\{B(pz)_4\}]$[84]。在三乙胺的存在下，$[ReO(OCH_2CH_2O)\{B(pz)_4\}]$与2-巯基乙醇和1,2-乙二硫醇反应，可分别得到$[ReO(OCH_2CH_2S)\{B(pz)_4\}]$和$[ReO(SCH_2CH_2S)\{B(pz)_4\}]$。此外，将$[ReO(OCH_2CH_2O)\{B(pz)_4\}]$与盐酸反应可定量生成络合物$[ReO\{B(pz)_4\}Cl_2]$，此络合物能够被适量的膦还原，生成通式为$[Re\{B(pz)_4\}Cl_2L]$(L = PEt_3, PEt_2Ph, $PEtPhz_2$和PPh_3)的配合物，产率为60%～70%。

2.1.17　铼与席夫碱化合

（1）席夫碱作为亚铵-硫醇盐两性离子与铼（I）配合。

1,1-（2-羟基苯基）亚乙基-4-苯基硫代氨基脲（H_2hpt）可作为潜在的三齿配体与$[Re(CO)_5Cl]$反应，生成$[Re(CO)_3(H_2hpt)_2]Cl$型复合盐[85]。其中一个H_2hpt配体通过硫原子与亚氨基上的氮原子配位，另一个H_2hpt配体则作为单齿亚铵-硫醇盐两性离子与Re配位。在配位化学中，席夫碱以亚铵为配体进行配位作用是不常见的。

（2）含氧铼（V）与双齿功能化膦和三齿席夫碱的混合配体配合物。

不稳定的铼（V）前体通过配体交换反应可合成一系列含有双齿功能化膦和三齿席夫碱（SB）配体的含氧铼（V）混合配体配合物[86]。首先得到中间产物$[Re(O)(L^n)Cl_3]^-$（L^n= 双齿膦基苯酚或膦羧酸配体），随后加入适量的 SB，即可得到通式为 $[Re(O)(L^n)(SB^m)]$的中性混合配体配合物。

2.2 铼化合物参与的反应

2.2.1 铼与炔烃的反应

（1）炔烃与含氧铼（V）烷基磷配合物的反应。

含氧铼（V）烷基膦配合物与炔烃反应[87]，如 $Re(O)R_3(PMe_3)$（R = Me 和 CH_2SiMe_3）和顺式的 $Re(O)Me_2Cl(PMe_2R)_2$（R = Me 和 Ph）与乙炔反应，乙炔嵌入 Re—P 键，分别得到 $Re(O)R_3(CHCH(PMe_3))$和$[Re(O)Me_2(CHCH(PMeR))_2]Cl$ 产物。取代的炔烃与 $Re(O)Me_3(PMe_3)$反应，可得到配合物 $Re(O)Me_3(RC{=}CR')$(R = R' = Me，Et 或 Ph；R = Me 或 Ph 和 R' = H)。

（2）铼辅助炔丙基醇的活化反应。

在室温条件下，配合物$[(triphos)(CO)_2Re(OTf)]$与二取代的炔丙基醇 $HC{\equiv}CCR(R')OH$（R = R' = Ph，Me；R = Ph，R' = Me）在 CH_2Cl_2 中反应，可得到亚烯基衍生物$[(triphos)(CO)_2Re\{C{=}C{=}C(R)Ph\}]OTf$（R = Ph_2；R =Me_3）或双核亚乙烯基卡宾配合物$[\{(triphos)(CO)_2Re\}_2\{\mu\text{-}(C_{10}H_{12})\}](OTf)_2$（R = R' = Me）（triphos = $MeC(CH_2PPh_2)_3$；OTf =$CF_3SO_3^-$）。此丙炔醇 $HC{\equiv}CCH(Me)OH$ 在甲醇存在下与配合物$[(triphos)(CO)_2Re(OTf)]$反应，可得到甲氧基-烯烃基费型卡宾$[(triphos)(CO)_2Re\{C(OMe)\text{-}CHdCHMe\}]OTf$。当$[(triphos)(CO)_2Re(OTf)]$与丙基醇在二氯甲烷双核亚乙烯基卡宾络合物中反应时获得$[\{(triphos)(CO)_2Re\}_2\{\mu\text{-}(C_6H_6O)\}](OTf)_2$[88]。

2.2.2 还原反应

（1）在 $PMePh_2$ 存在下还原 $ReCl_5$。

在 $PMePh_2$ 存在的 THF/甲苯（1∶1）的混合溶剂中，用过量的镁还原 $ReCl_5$，可形成高产量的 mer-$ReCl_3(PMePh_2)_3$。用 4Eq 的 Na 将其还原可得

$ReCl(\eta^2-H_2(PMePh_2)_4$，且当 Na 过量时，会生成 $ReH_3(PMePh_2)$。$ReCl(\eta^2-H_2(PMePh_2)_4$ 溶液与 CO 反应，还可得到配合物 $ReCl(CO)_3(PMePh_2)_2$[89]。

（2）CO 气氛中，钠还原 K_2ReCl_6 直接制备 $Re_2(CO)_{10}$ 和 $Re(CO)_5Cl$。

在 2400Pa 的 CO 压力下，外部温度为 280℃，溶剂为 THF，用钠还原 K_2ReCl_6 可直接制备铼羰基化合物 $Re_2(CO)_{10}$ 和 $Re(CO)_5Cl$，产率分别为 81%和 86%。通过控制 K_2ReCl_6 与金属钠的比例，可以完全得到羰基衍生物[90]。

（3）硼氢化物还原高铼酸盐制备铼（III）氧化物。

向高铼酸盐和乙酸的水溶液中加入硼氢化钠，可以得到极细的黑色氧化铼(III)，具有显著的催化活性。在氢化过程中，黑色氧化铼(III)通常不会被还原成较低的氧化物或金属[91]。

2.2.3　布朗斯特酸和路易斯酸对铼氧键的亲电裂解

$(CO)_3(L)_2ReOR$（1，$R = CH_3$ 或 2，$R = CH_2CH_3$）型配合物中的铼氧键可以被多种布朗斯特酸和路易斯酸裂解[92]。当将 XH 酸加入到 1 或 2 时，可观察到 $(CO)_3(L)_2ReX$ 产物的生成，同时合成出游离醇（L = 1, 2-二(二甲基胂基)苯(a)，1, 2-二(二乙基膦基)乙烷(b)，PMe(c)，(2S, 4S)-2, 4-二(二苯膦基)戊烷(d)或 1, 2-二(二苯膦基)(e)）。将布朗斯特酸，如苯胺加入到 1 或 2 时，反应可逆，将醇从混合产物中除去会促进反应进行，利用这种方法可以合成芳基胺络合物 $(CO)_3(depe)ReNHC_6H_5$(13b)。以其他的酸，如 R_2PH、RPH_2、H_2S 和 $CPW(CO)_3$ 为反应物时，此交换反应是不可逆的。

2.2.4　2-（三甲基硅氧基）苯基异腈与+1、+3 和+5 铼的配合物反应

2-（三甲基硅氧基）苯基异腈（1）与反式-$[ReCl(N_2)(dppe)_2]$（dppe = 1,2-二（二苯膦基）乙烷）在沸腾的 THF 中反应，可得到反式-$[Re(Cl)(CNC_6H_4\text{-}2\text{-}OSiMe_3)(dppe)_2]$(3)[93]。在沸腾的二氯甲烷中进行上述反应，Si—O 键断裂反应，将生成反式-$[Re(Cl)(CNC_6H_4\text{-}2\text{-}OH)(dppe)_2]$(4)。2,6-二（三甲基硅氧基）苯基异腈（2）和反式-$[ReCl(N_2)(dppe)_2]$ 在沸腾的二氯甲烷中反应，也能观察到相似的 Si—O 键断裂反应，生成反式-$\{Re(Cl)[CNC_6H_3(OH)2\text{-}2,6](dppe)_2\}$（5）。

2.2.5　活性氧基铼（III）复合物的光化学制备

Brown 等用高铼酸钾三步合成了铼（V）氧基草酸络合物（$HBpz_3$）

$ReO(C_2O_4)$[94]。用紫外光照射时，氧基草酸络合物会经历一个内部的氧化还原反应，失去二氧化碳并生成活性铼配合物。在菲醌存在下，经光解反应会产生铼（V）氧基儿茶酚络合物，且产率较高。$(HBpz_3)Re(O)$也可与氧气反应，生成铼（VII）复合物$(HBpz_3)ReO_3$，其中的一个氧原子来自氧气，另一个则来自于草酸盐配体。

2.2.6 表面反应

（1）卤化钠及氯化锂在铼和氧化铼表面的电离反应。

Persky 课题组研究了铼和氧化铼表面上的钠、氯化钠、溴化钠、碘化钠和氯化锂的电离结果[95]。发现铼表面的氧化会显著提高其功函数，使得其表面上的钠和卤化钠的电离效率从 0.2 增加到 1，氯化锂的电离效率也提高接近一个单位。

（2）在金电极上形成铼层。

在高铼酸盐的水溶液中，将金电极的阴极极化电位控制在$-0.2V \leqslant E_c \leqslant 0.1V$（对比 RHE）下，可电沉积得到铼层[96]，铼层中金属铼的体积分数为 30%左右。

（3）混合价铼氧化物薄膜的电化学沉积。

首先由过氧化氢和单质铼制备酸性高铼酸盐溶液（pH=1.5±0.1），分别在氧化铟锡、金、铼及玻碳电极上进行阴极电沉积，可得到混合价态的铼氧化物[97]。铼的种类及化学性质主要取决于沉积电位和支持电解质。以SO_4^{2-}为支持电解质能够抑制ReO_4^-的吸附。但在仅含 H^+ 和ReO_4^-的酸性高铼酸盐溶液中，会首先发生析氢反应，从而催化歧化反应，生成不稳定的 Re_2O_3 中间态，以及含 72% ReO_2 和 28% Re 的混合价铼薄膜。

参 考 文 献

[1] Gibson D H, Ye M, Richardson J F. Synthesis and characterization of μ_2-η^2- and μ_2-η^3-CO_2 complexes of iron and rhenium[J]. Journal of the American Chemical Society, 1992, 114(24): 9716-9717.

[2] Gibson D H, Mehta J M, Sleadd B A, et al. Synthesis and characterization of CO_2-bridged ruthenium-zirconium and rhenium-zirconium complexes[J]. Organometallics, 1995, 14(10): 4886-4891.

[3] Nikonova O A, Kessler V G, Drobot D V, et al. Synthesis and X-ray single crystal study of niobium and tantalum oxo-ethoxo-perrhenates $M^V{}_4O_2(OEt)_{14}(ReO_4)_2$[J]. Polyhedron, 2007, 26(4): 862-866.

[4] Pfennig B W, Cohen J L, Sosnowski I, et al. Synthesis, characterization, and intervalence charge transfer properties of a series of rhenium(I)-iron(III)mixed-valence compounds[J]. Inorganic Chemistry, 1999, 38(3): 606-612.

[5] Sutherland B R, Folting K, Streib W E, et al. Synthetic and mechanistic features of alcohol elimination between gold alkoxides and rhenium polyhydrides. Metal polyhedron reconstruction upon protonation[J]. Journal of the American Chemical Society, 1987, 109(11): 3489-3490.

[6] Akriche S T, Othman Z A A, Rzaigui M, et al. Tris(1,10-phenanthroline)cobalt(II)bis(perrhenate)monohydrate[J]. Acta Crystallographica Section E, 2010, 66(7): 816-830.

[7] Yusenko K V, Baidina I A, Gromilov S A, et al. Investigation of pentaamminechloroplatinum(IV) pentaamminechloroplatinum[J]. Journal of Structural Chemistry, 2007, 48(3): 578-582.

[8] Chakravorti M C, Sarkar M. Rhenium. Part XVI. Ammine and pyridune compounds of zinc and cadmium containing coordinated perrhenate[J]. Transition Metal Chemistry, 1982, 7(1): 19-22.

[9] Sharutin V V, Senchurin V S, Fastovets O A, et al. Tetraphenylantimony perrhenate and tetraphenylantimony chlorate: syntheses and structures[J].Russian Journal of Inorganic Chemistry, 2009, 54(3): 389-395.

[10] Hao L J, Xiao J L, Vittal J J, et al. Platinum-rhenium-mercury and related cluster chemistry[J]. Inorganic Chemistry, 1996, 35(3): 658-666.

[11] Chakravorti M C, Sarkar M B, Bharadwaj P K, et al. Tetragonal complexes of nickel(II)containing coordinated perrhenate[ReO_4]$^-$[J]. Transition Metal Chemistry, 1981, 6(6): 211-214.

[12] Lam S C F, Yam V W W, Wong K M C, et al. Synthesis and characterization of luminescent rhenium(I)-platinum(II) polypyridine bichromophoric alkynyl-bridged molecular rods[J]. Organometallics ,2005, 24(17): 4298-4305.

[13] Goncalves I S, Lopes A D, Amarante T R, et al. Heterometallic complexes involving iron(II)and rhenium(VII)centers connected by i-oxido bridges[J]. Dalton Transactions, 2009, 46: 10199-10207.

[14] Mujica C, Prado M, Gil R C. $Pb(ReO_4)_2(C_2H_6O_2)_{1.5}$: a new contribution to the crystal chemistry of perrhenates[J]. Zeitschrift Fur Anorganische Und Allgemeine Chemie, 2011, 637(7-8): 919-922.

[15] Lai N S, Tu W C, Chi Y, et al. Intermetal oxo transfer: isomerization of tungsten-rhenium carbonyl complexes containing oxo and acetylide ligands[J]. Organometallics, 1994, 13(12): 4652-4654.

[16] Tang Y J, Sun J, Chen J B. Unexpected reactions of cationic carbyne complexes of manganese and rhenium with mixed-dimetal carbonyl anions. A new route to dimetal bridging carbyne complexes[J]. Organometallics, 1998, 17(14): 2945-2952.

[17] Zadesenets A V, Khranenko S P, Shubin Y V, et al. Complex salts $[Pd(NH_3)_4](ReO_4)_2$ and $[Pd(NH_3)_4](MnO_4)_2$: synthesis, structure, and thermal properties[J]. Russian Journal of Coordination Chemistry, 2006, 32(5): 374-379.

[18] Henly T J, Shapley J R, Rheingold A L, et al. Systematic synthesis of mixed-metal clusters via capping reactions. characterization of a set of octanuclear carbido clusters involving rhenium and various platinum metals[J]. Organometallics, 1988, 7(2): 441-448.

[19] Shcheglov P A, Drobot D V, Seisenbaeva G A, et al. Alkoxide route to mixed oxides of rhenium, niobium, and tantalum. Preparation and X-ray single-crystal study of a novel rhenium-niobium methoxo complex, $Nb_2(OMe)_8(ReO_4)_2$[J]. Chemistry of Materials, 2002, 14(5): 2378-2383.

[20] Ortbga F, Pope M T. Polyoxotungstate anions containing high-valent rhenium. 1. Keggin anion derivatives[J]. Inorganic Chemistry, 1984, 23(21): 3292-3297.

[21] Munhoz C, Isolani P C, Vicentini G, et al. Lanthanide perrhenate complexes with d-valerolactam: synthesis, characterization and structure[J]. Journal of Alloys and Compounds, 1998, 275-277: 782-784.

[22] John G H, May I, Sarsfield M J, et al. Dimeric uranyl complexes with bridging perrhenates[J]. Dalton Transactions, 2007(16): 1603-1610.

[23] Grupe S, Wickleder M S. The UCl_3-typ mit komplexen anionen und seine addition-substitution variante: synthese

und kristallstruktur von $Nd(ClO_4)_3$ and $Na_{0.75}Nd_{0.75}(ReO_4)_3$[J]. Zeitschrift Fur Anorganische Und Allgemeine Chemie, 2003, 629(6): 955-958.

[24] Stack J G, Doney J J, Bergman R G, et al. Rhenium 2-oxoalkyl (enolate) complexes: synthesis and carbon-carbon bond-forming reactions with nitriles[J]. Organometallics, 1990, 9(2): 453-466.

[25] Gambino D, Otero L, Kremer E, et al. Synthesis, characterization and crystal structure of hexakis-(thiourea-S) rhenium(III)trichloride tetrahydrate: a potential precursor to low-valent[J]. Polyhedron, 1997, 16(13): 2263-2270.

[26] Barder T J, Cotton F A, Falvello L R, et al. Unusual reactivity associated with the triply bonded Re_2^{4+} core: facile reaction of $[Re_2Cl_4(Ph_2PCH_2PPh_2)_2(NCR)_2]^+$ with nitriles to afford the cations $[Re_2Cl_3(Ph_2PCH_2PPh_2)_2(NCR)_2]^+$[J]. Inorganic Chemistry, 1985, 24(8): 1258-1263.

[27] Cotton F A, Robinson W R, Walton R A, et al. Some reactions of the octahalodirhenate(III) ions. IV. Reactions with sodium thiocyanate and the preparation of isothiocyanate complexes of rhenium(III) and rhenium(IV)[J]. Inorganic Chemistry, 1967, 6(5): 929-936.

[28] Mironov Y V, Virovets A V, Fedorov V E, et al. Synthesis and crystal structure of a hexanuclear rhenium cluster complex $Cs_3K[Re_6(\mu^3\text{-}S)_6(\mu^3\text{-}Te_{0.66}S_{0.34})(CN)_6]$ cationic control over orientation of the cluster anion[J]. Polyhedron, 1995, 14(20-21): 3171-3174.

[29] Bryan J C, Stenkamp R E, Tulip T H, et al. Oxygen atom transfer between rhenium, sulfur, and phosphorus. Characterization and reactivity of $Re(O)Cl_3(Me_2S)(OPPh_3)$and $Re(O)Cl_3(CNCMe_3)_2$[J]. Inorganic Chemistry, 1987, 26(14): 2283-2288.

[30] Pearson C, Beauchamp A L. Binding of amino-dialkylated adenines to rhenium(III)and rhenium(IV)centers[J]. Inorganic Chemistry, 1998, 37(6): 1242-1248.

[31] Gibson D H, Mehta J M, Ye M, et al. Synthesis and characterization of rhenium metallocarboxylates[J]. Organometallics, 1994, 13(4): 1070-1072.

[32] Kremer C, Rivero M, Kremer E, et al. Synthesis, characterization and crystal structures of rhenium(V)complexes with diphosphines[J]. Inorganica Chimica Acta, 1999, 294(1): 47-55.

[33] Gambino D, Kremer E , Bara E J, et al. Synthesis, characterization, and crystal structure of $[ReO(Me_4tu)_4](PF_6)_3$(tu = thiourea)[J]. Zeitschrift Fur Anorganische Und Allgemeine Chemie, 1999, 625(5): 813-819.

[34] Meckstroth W K, Walters R T, Waltz W L, et al. Fast reaction studies of rhenium carbonyl complexes: the pentacarbonylrhenium(0)radical[J]. Journal of the American Chemical Society, 1982, 104(7): 1842-1846.

[35] Heinekey D M, Radzewich C E, Voges M H, et al. Cationic hydrogen complexes of rhenium. 2. synthesis, reactivity, and competition studies[J]. Journal of the American Chemical Society, 1997, 119(18): 4172-4181.

[36] Horn E, Snow M R. Perchlorate and difluorophosphate coordination derivatives of rhenium carbonyl[J]. Australian Journal of Chemistry, 1980, 33(11): 2369-2376.

[37] Spradau T W, Katzenellenbogen J A. Preparation of cyclopentadienyl tricarbonyl rhenium complexes using a double ligand-transfer reaction[J]. Organometallics, 1998, 17(10): 2009-2017.

[38] Hou S J, Chan W K. Polymer aggregates formed by polystyrene-block-poly(4-vinylpyridine)functionalized with rhenium(I)2,2'-bipyridyl complexes[J]. Macromolecular Rapid Communications, 1999, 20(8): 440-443.

[39] Lourido P P, Romero J, Vazquez J G, et al. Synthesis and characterization of rhenium phosphinothiolate complexes. Crystal and molecular structures of $[HNEt_3][Re\{P(C_6H_4S)_3\}_2]$, $[ReOCl\{OP(C_6H_5)_2(C_6H_4S)\}]$, $[Re_2O_5\{PP(C_6H_5)_2$

$(C_6H_4S)\}_2]$ and $[ReOCl\{OP(C_6H_5)_2\ (2\text{-}SC_6H_3\text{-}3\text{-}SiMe_3)\}_2]$[J]. Inorganic Chemistry, 1998, 37(13): 3331-3336.

[40] Hansen L, Alessio E, Iwamoto M, et al. Mixed-ligand rhenium(V)oxo monomers with triphenylphosphine oxide and lopsided and symmetrical heterocyclic ligands. Putative intermediates in rhenium(V)oxo synthetic chemistry[J]. Inorganica Chimica Acta, 1995, 240(1-2): 413-417.

[41] Abrama U, Albertob R, Dilworthc J R, et al. Rhenium and technetium complexes with diphenyl(2-pyridyl) phosphine[J]. Polyhedron, 1999, 18(23): 2995-3003.

[42] Cesati R R, Tamagnan G, Baldwin R M, et al. Synthesis of cyclopentadienyltricarbonyl rhenium phenyltropanes by double ligand transfer. Organometallic ligands for the dopamine transporter[J]. Bioconjugate Chemistry, 2002, 13(1): 29-39.

[43] Ray U S, Mostafa G, Lu T H, et al. Hydrogen bonded perrhenate-azoimidazoles[J]. Crystal Engineering, 2002, 5(2): 95-104.

[44] Ruth K, Morawitz T, Lerner H W, et al. μ-Hydroxido-bis[(2,2'-bipyridine)- tricarbonylrhenium(I)] perrhenate[J]. Acta Crystallographica Section E, 2008, 64(Pt 3): m496.

[45] Reece S Y, Nocera D G. Direct tyrosine oxidation using the MLCT excited states of rhenium polypyridyl complexes[J]. Journal of the American Chemical Society, 2005, 127(26): 9448-9458.

[46] Rall J, Weingart F, Ho D M, et al. Heptacoordinate rhenium(III)-bis(terpyridine)complexes: syntheses, characterizations, and crystal structures of $[Re(terpyridine)_2X]^{2+}$ (X = OH, Cl, NCS). Substitution kinetics of $[Re(terpyridine)_2OH]^{2+}$[J]. Inorganic Chemistry, 1994, 33(16): 3442-3451.

[47] Caspar J V, Sullivan B P, Meyer T J. Synthetic routes to luminescent 2,2'-bipyridyl complexes of rhenium: preparation and spectral and redox properties of mono(bipyridyl)complexes of rhenium(III)and rhenium(I)[J]. Inorganic Chemistry, 1984, 23(14): 2104-2109.

[48] Wang Q, Fang D W, Wang H, et al. Property estimation of ionic liquid N-pentylpyridine perrhenate[J]. Journal of Chemical & Engineering Data, 2011, 56(4): 1714-1717.

[49] Femia F J, Chen X Y, Maresca K P, et al. Syntheses and structural characterization of rhenium-bis-hydrazinopyrimidine core complexes with thiolate and schiff base coligands[J]. Inorganica Chimica Acta, 2000, 310(2): 210-216.

[50] Xu L, Pierreroy J, Patrick B O, et al. Chemistry of Re with N,N'-bis(2-pyridylmethyl)ethylenediamine (H_2pmen): hydrolysis, dehydrogenation, and ternary complexes[J]. Inorganic Chemistry, 2001, 40(9): 2005-2010.

[51] Feracin S, Burgi T, Bakhmutov V I, et al. Hydrogen/hydrogen exchange and formation of dihydrogen derivatives of rhenium hydride complexes in acidic solutions[J]. Organometallics, 1994, 13(11): 4194-4202.

[52] Top S, Lehn J S, Morel P, et al. Synthesis of cyclopentadienyltricarbonylrhenium(I)carboxylic acid from perrhenate[J]. Journal of Organometallic Chemistry, 1999, 583(1-2): 63-68.

[53] Angela D, Joaquim M, Antonio P, et al. Synthesis and characterization of rhenium complexes with the stabilizing ligand tetrakis(pyrazol-1-yl)borate[J]. Inorganic Chemistry, 1993, 32(23): 5114-5118.

[54] Calvon C, Jayadevan N C, Lock C J L. Tris(p-i-butyrato)di(chlororhenium(III))perrhenate; Studies of rhenium-carboxylate complexes. I. Tris(p-i-butyrato)di(chlororhenium(III))perrhenate[J]. Canadian Journal of Chemistry, 1969, 47(22): 4214-4220.

[55] Conry R R, Mayer J M. Oxygen atom transfer reactions of cationic rhenium(III), rhenium(V), and rhenium(VII)

triazacyclononane complexes[J]. Inorganic Chemistry, 1990, 29(24): 4862-4867.

[56] Bommel K J C, Jong M R D, Metselaar G A, et al. Complexation and (templated)synthesis of rhenium complexes with cyclodextrins and cyclodextrin cimers in cater[J]. Chemistry, 2001, 7(16): 3603-3615.

[57] Braband H, Kückmann T I, Abram U. Rhenium and technetium complexes with N-heterocyclic carbenes-a review[J]. Journal of Organometallic Chemistry, 2005, 690(24-25): 5421-5429.

[58] Wang T F, Hwu C C, Tsai C W. Carbonyl ligand substitution of an aminerhenium benzyl complex. Interconversion of η^1- and η^3-benzyl complexes[J]. Journal of the Chemical Society Dalton Transactions, 1998, 12(12): 2091-2095.

[59] Flatt B T, Grubbs R H. Synthesis, structure, and reactivity of a rhenium oxo-vinylalkylidene complex[J]. Organometallics, 1994, 13(7): 2728-2732.

[60] Morrone S, Guillon D, Bruce D W. Synthesis and liquid-crystalline properties of diazabutadiene complexes of rhenium(I)[J]. Inorganic Chemistry, 1996, 35(24): 7041-7048.

[61] Horton A D, Schrock R R, Freudenberger J H. A high yield route to rhenlum(VII)bis(imido)neopentylldene complexes[J]. Organometallics, 1987, 6(4): 893-894.

[62] Chin R M, Barrera J, Dubois R H, et al. Preparation of rhenium(I)and rhenium(II)amine dinitrogen complexes and the characterization of an elongated dihydrogen species[J]. Inorganic Chemistry, 1997, 36(16): 3553-3558.

[63] Parker D, Roy P S. Synthesis and characterization of stable rhenium(V)dioxo complexes with acyclic tetraamine ligands, $[LReO_2]^+$[J]. Inorganic Chemistry, 1988, 27(23): 4127-4130.

[64] Wenger O S, Henling L M, Day M W, et al. Photoswitchable luminescence of rhenium(I)tricarbonyl diimines[J]. Inorganic Chemistry, 2004, 43(6): 2043-2048.

[65] Knight D A, Dewey M A, Stark G A, et al. Synthesis, structure, and reactivity of chiral rhenium imine and methyleneamido complexes of the formulas $[(\eta^5\text{-}C_5H_5)Re(NO)(PPh_3)(\eta^1\text{-}N(R'')= C(R)R)]^+TFO^-$ and $(\eta^5\text{-}C_5H_5)Re(NO)(PPh_3)(N = C(R)R')$[J]. Organometallics, 1993, 12(11): 4523-4534.

[66] Herrmann W A, Correia J D G, Artus G R J, et al. Multiple bonds between main group elements and transition metals, 155. (Hexamethylphosphoramide)methyl(oxo)bis(η^2-peroxo)rhenium(VII), the first example of an anhydrous rhenium peroxo complex: crystal structure and catalytic properties[J]. Journal of Organometallic Chemistry, 1996, 520(1-2): 139-142.

[67] Zhu Z L, Al-Ajlouni A M, Espenson J H. Convenient synthesis of bis(alkoxy)rhenium(VII)complexes[J]. Inorganic Chemistry, 1996, 35(5): 1408-1409.

[68] Mitterpleininger J K M, Szesni N, Sturm S, et al. Insights into a nontoxic and high-yielding synthesis of methyltrioxorhenium (mto)[J]. European Journal of Inorganic Chemistry, 2008(25): 3929-3934.

[69] Zanetti N C M, Sachse A, Pfoh R, et al. Rhenium oxo compounds containing η^2-pyrazolate ligands[J]. Dalton Transactions, 2005(12): 2124-2130.

[70] Domingos A, Marqalo J, Paulo A, et al. Synthesis and characterization of rhenium complexes with the stabilizing ligand tetrakis(pyrazo1-1-yl)borate[J]. Inorganic Chemistry, 1993, 32(23): 5114-5118.

[71] DuMez D D, Mayer J M. Selective oxidation of the alkyl ligand in rhenium(V)oxo complexes[J]. Journal of the American Chemical Society, 1996, 118(49): 12416-12423.

[72] Luyt L G, Jenkins H A, Hunter D H. An N_2S_2 bifunctional chelator for technetium-99m and rhenium: complexation, conjugation, and epimerization to a single isomer[J]. Bioconjugate Chemistry, 1999, 10(3): 470-479.

[73] Fedorov V E, Mironov Y V, Yarovoi S S. Molecular octahedral sulfido-bromide rhenium clusters: synthesis and crystal structure of $(PPh_4)_2[Re_6S_6Br_8]\cdot CH_3C_6H_5$ and $(PPh_4)_3[Re_6S_7Br_7]$[J]. Polyhedron, 1996, 15(8): 1229-1233.

[74] ONeil J P, Wilson S R, Katzenellenbogen J A. Preparation and structural characterization of monoamine-monoamide bis(thiol)oxo complexes of technetium(V)and rhenium(V)[J]. Inorganic Chemistry, 1994, 33(2): 319-323.

[75] Schultze L M, Todaro L J, Baldwin R M, et al. Synthesis, characterization, and crystal structure of neutral rhenium(V)complexes with S-substituted N_2S_2 ligands[J]. Inorganic Chemistry, 1994, 33(24): 5579-5585.

[76] Gowda N M M, Zhang L, Barnes C L. Ethopropaziniumyl cation perrhenate salt, $(C_{19}H_{25}N_2S)^+[ReO_4]^-$: synthesis and crystal structure[J]. Journal of Chemical Crystallography, 1994, 24(1): 89-93.

[77] Spera M L, Chin R M, Winemiller M D, et al. Sequential electrophile/nucleophile additions for η^2-Cyclopentadiene complexes of osmium(II), ruthenium(II), and rhenium(I)[J]. Organometallics, 1996, 15(26): 5447-5449.

[78] Casey C P, Brady J T. Acid-catalyzed isomerization of rhenium alkyne complexes to rhenium allene complexes via 1-metallacyclopropene intermediates[J]. Organometallics, 1998, 17(21): 4620-4629.

[79] Hahn F E, Imhof L, Lügger T. One step conversion of perrhenate into an Re(IV)complex: synthesis and molecular structure of trans-$[ReCl_4(PMePh_2)_2]$[J]. Inorganica Chimica Acta, 1997, 261(1): 109-112.

[80] DuMez D D, Mayer J M. Synthesis and characterization of rhenium(VI)cis-dioxo complexes and examination of their redox chemistry[J]. Inorganic Chemistry, 1998, 37(3): 445-453.

[81] Bakir M, Rashid K A. Electro-optical properties of the first rhenium-hydrazone complex, *fac*-$Re(CO)_3$(dpknph)*Cl[J]. Transition Metal Chemistry, 1999, 24(4): 384-388.

[82] Degnan I A, Behm J, Cook M R, et al. Multiple bonds between main-group elements and transition metals. High-oxidation-state rhenium complexes containing the hydridotris(1-pyrazolyl)borato ligand[J]. Inorganic Chemistry, 1991, 30(9): 2165-2170.

[83] Garcia R, Paulo A, Domingos A, et al. Rhenium(I)organometallic complexes with novel bis(mercaptoimidazolyl) borates and with hydrotris(mercaptoimidazolyl)borate: chemical and structural studies[J]. Journal of Organometallic Chemistry, 2001, 632(1): 41-48.

[84] Paulo,A Domingos A, Matos A P D, et al. Synthesis, characterization, and study of the redox properties of rhenium(V) and rhenium(III)compounds with tetrakis(pyrazo1-1-y1)borate[J]. Inorganic Chemistry, 1994, 33(21): 4729-4737.

[85] Habarurema G, Hosten E C, Betz R, et al. Coordination of a schiff base as an iminium-thiolate zwitterion to rhenium(I)[J]. Inorganic Chemistry Communications, 2014, 47: 159-161.

[86] Bolzati C, Porchia M, Bandoli G, et al. Oxo-rhenium(V)mixed-ligand complexes with bidentate functionalized phosphines and tridentate Schiff base ligands[J]. Inorganica Chimica Acta, 2001, 315(1): 205-212.

[87] Hoffman D M, Huffman J C, Lappas D, et al. Alkyne reactions with rhenium(V)oxo alkyl phosphine complexes-phosphine displacement versus apparent Re-P insertion[J]. Organometallics, 1993, 12(11): 4312-4320.

[88] Bianchini C, Mantovani N, Marchi A, et al. First examples of rhenium-assisted activation of propargyl alcohols: allenylidene, carbene, and vinylidene rhenium(I)complexes[J]. Organometallics, 1999, 18(22): 4501-4508.

[89] Cotton F A, Luck R L. Reduction of $ReCl_5$ in the presence of $PMePh_2$ to give mer-$ReCl_3(PMePh_2)_3$, $ReCl(\eta^2$-$H_2(PMePh_2)_4$, $ReH_3(PMePh_2)_4$ or $ReCl(CO)_3(PMePh_2)_2$ depending on conditions[J]. Inorganic Chemistry, 1989, 28(11): 2181-2186.

[90] Klahn A H, Oelckers B, Toro A, et al. Direct and high yield syntheses of $Re_2(CO)_{10}$ and $Re(CO)_5Cl$ by sodium

reduction of K_2ReCl_6 under CO[J]. Journal of Organometallic Chemistry, 1997, 548(2): 121-122.

[91] Broadbent H S, Johnson J H. Rhenium catalysts. IV. 1 rhenium(III)oxide from perrhenate via borohydride reduction 2[J]. Journal of Organic Chemistry, 2002, 27(12): 29-32.

[92] Simpson R D, Bergman R G. Electrophilic cleavage of rhenium-oxygen bonds by Bransted and Lewis acids[J]. Organometallics, 1992, 11(12): 3980-3993.

[93] Hahn F E, Imhof L. Reactions of 2-(trimethylsiloxy)phenyl Isocyanide with complexes of rhenium in the +1, +3, and +5 oxidation states[J]. Organometallics, 1997, 16(4): 763-769.

[94] Brown S N, Mayer J M. Photochemical generation of a reactive rhenium(III)oxo complex and its curious mode of cleavage of dioxygen[J]. Inorganic Chemistry, 1992, 31(20): 4091-4100.

[95] Persky A. Positive surface ionization of Na, NaCl, NaBr, NaI, and LiCl on rhenium and on oxygenated rhenium surfaces[J]. The Journal of Chemical Physics, 1968, 50(9): 3835-3840.

[96] Zerbino J O, Castro Luna A M, Zinola C F, et al. Electrochemical and optical study of rhenium layers formed on gold electrodes[J]. Journal of Electroanalytical Chemistry, 2002, 521(1): 168-174.

[97] Hahn B P, May R A, Stevenson K J. Electrochemical deposition and characterization of mixed-valent rhenium oxide films prepared from a perrhenate solution[J]. Langmuir the Acs Journal of Surfaces & Colloids, 2015, 23(21): 10837-10845.

第 3 章　铼及其化合物的性质

3.1　同位素性质

（1）铼同位素的新发现。

铼同位素是 α 不稳定的，需以 α 衰减能量测量。Cabot 等利用 ^{63}Cu 对 ^{110}Cd、^{108}Cd、^{106}Cd、^{109}Ag、^{107}Ag 和 ^{110}Pd 的诱导反应，在铼区域发现了新的同位素，并经交叉轰击和激发测量识别出新的铼同位素[1]：^{169}Re（E_α=(5.05 ± 0.01)MeV），^{168}Re（E_α=(5.26 ± 0.01)MeV，$T_{1/2}$=(5.5 ± 0.5)s）。

（2）铼的库仑激发。

Wolicki 等用 4.2MeV 的质子和 α 粒子的库仑激发分离了铼的同位素。用 NaI 晶体光谱仪可在 126keV、160keV 和 286keV 下观察到 ^{185}Re 的伽马射线；在 135keV、168keV 和 303keV 下观察到 ^{187}Re 的伽马射线[2]。

（3）西拉德-查莫斯效应高效制备 ^{186}Re 与 ^{188}Re。

^{186}Re 和 ^{188}Re 被认为是用于放射疗法和放射免疫疗法中最好的放射性核素，Zhang 等尝试利用西拉德-查莫斯效应高效制备 ^{186}Re 与 ^{188}Re[3]。在二氯甲烷与水的溶液环境中，用热中子对一系列铼化合物进行约 1h 的辐射（中子流量：10^{12}n/（s·cm^2）），便可将放射性铼元素分离出来。以 $ReN(S_2CNEt_2)_2$ 为例，富集因子可达到 210，产率可达到 36%。

3.2　物 理 性 质

（1）铼的奈特位移和零场分裂。

通过在不同频率共振场下测得金属铼的单晶结构，在 4.2K 下得到了铼的奈特位移和零场分裂转变值[4]。结果显示，$NaReO_4$ 水溶液的奈特位移为(1.02 ± 0.06)%，^{185}Re 和 ^{187}Re 的零场分裂分别为(40.6 ± 0.35)MHz 和(38.35 ± 0.2)MHz。

（2）铼的能带结构和费米面。

Mattheiss 利用相对增强平面波的方法，计算了密排六方铼的能带结构[5]。根据能带结构测定结果确定了铼的费米面理论模型，发现了铼的费米面由五个板块组成，具体大小、形状及拓扑与 Haas-van Alphen 磁声和磁电阻数据存在一致性。

（3）铼在非静态压缩下的晶格应变。

Duffy 等利用能量色散 X 射线衍射技术，结合非静态压缩下的晶格应变理论，在压力为 14～37GPa 下，研究了铼的分层样品行为[6]。铼的状态方程会受到非静态压缩的影响，由非静态压缩数据反演得到的体积弹性模量在 0°和 90°的角度下相差近 2 倍。通过适当选择间距 ψ，可以由高度非静压条件下的数据获得准静压条件下的间距 d。在 14～37GPa 的压力范围内，铼的单轴压力可表示为 $t = 2.5 + 0.09p$。

（4）在液态和过冷状态下非接触式测定铼的密度。

Paradis 等采用静电悬浮、多束加热和紫外成像测定了过热和过冷状态下金属铼的密度 $\rho(T)$[7]。在 2700～3810K 内，铼的密度为 $\rho(T)=1.843\times10^4-0.91(T-T_m)$，其中熔融温度 T_m 为 3453K，由此可计算出铼的体积膨胀系数为 4.9×10^{-5}。

（5）二硼化铼的机械和电子特性。

采用第一性原理方法计算得到的 Hcp-ReB_2 的机械和电子特性表明，Hcp-ReB_2 结构具有低压缩性，且其本质很可能为脆性材料。但与 c-BN 相比，它的理想剪切强度相对较低[8]。

（6）铼的半衰期。

Herr 等的研究表明，^{187}Re 的半衰期为 4×10^{12} 年[9]。通过化学测定辉钼矿中放射性铼的含量，可以计算其半衰期，从而合理推测矿物年龄。

（7）铼和稀铼固溶体中的费米面拓扑的变化。

超导转变温度可作为测定静水压力的函数，将纯铼的单晶、多晶及钼、钨稀释的铼固溶体的压力升高至 1800MPa，会发现随溶质含量的增加，铼的压力相关函数快速变化，这种异常行为说明在高压下，铼的费米面拓扑结构发生急剧变化[10]。

（8）阳离子控制的铼（I）荧光载体的光物理性质。

碱金属和碱土金属阳离子对冠醚取代型配合物的 $d\pi(Re)\rightarrow\pi^*(bpy)$金属-配体电荷转移（metal to ligand charge transfer，MLCT）激发态的光物理具有显著影响。“冠状”阳离子对配体-配体电荷转移（ligand to ligand charge transfer，LLCT）激发态能量的影响会产生独特的阳离子诱导效应。该激发态是在 MLCT 的过程中由供体氮向电子缺陷的电荷转移形成的[11]：即（bpy）Re^{I}-A→（$bpy^{\cdot-}$）Re^{II}-A→（bpy^{-}）Re^{I}-$A^{\cdot+}$（其中 bpy = 2,2'-联吡啶，A = 胺供体）。在没有阳离子存在的情况下，LLCT 状态的能量要低于 MLCT 状态。因此，K_{ic} 值较大，且 LLCT 为 MLCT 的快速无辐射衰减提供了路径。然而，由于阳离子-冠醚配合物（$1\cdots M^{n+}$）中阳离子和供体氮之间存在离子-偶极相互作用，LLCT态的能量要高于MLCT态，在这些条件下，MLCT 主要通过“正常”辐射和非辐射衰变路径发生衰减。阳离子-冠醚配合物 $1\cdots M^{n+}$的MLCT发射产率要大于原始配合物1。相应的动力学模型表明，激发态衰变的速率决定步骤涉及了阳离子从大环中的分离。这种冠醚取代型配合物为基于MLCT的阳离子传感器的设计提供了新思路。

（9）铼（I）三羰基配合物的光化学和光物理反应。

Guerrero等研究了新型配合物$Re(CO)_3$(2,2′-联喹啉)LS^+（LS = 吡嗪或4,4′-联吡啶）和$Re(CO)_3$(2,2′-联吡啶)(2-吡嗪羧酸盐)的基态和激发态性质[12]。后一化合物的配体2-吡嗪羧酸盐是通过羧酸盐基团与铼（I）进行配位的。配合物的发光组分同Re与2,2′-联喹啉或2,2′-联吡啶的电荷转移相关，而发射较快的组分与其激发态的内配位有关。$CuCl_2$对发光的猝灭涉及动态和静态的能量转移机制。处于激发态的配合物可被2,2′,2″-硝基三乙醇还原，生成铼（I）-配体自由基。通过对配合物进行脉冲辐射还原也可产生类似产物。

（10）含金属-金属键的铼、锰羰基配合物的光化学。

Wrighton 等研究了配合物 $Mn_2(CO)_{10}$、$Mn_2(CO)_9PPh_3$、$Mn_2(CO)_8(PPh_3)_2$、$Re_2(CO)_{10}$和$MnRe(CO)_{10}$（分别对应I、II、III、IV、V）的光化学性质[13]。在CCl_4中，配合物I～V在366nm处会通过光解产生相应的单核金属羰基氯，其具有较高（约0.5）的量子效率，且化学计量与对称的金属-金属键的断裂相一致。在约1×10^{-3}md/dm^{3}的I_2存在下，I、IV或V的光解反应能够产生$M(CO)_5I$物质，其与在纯CCl_4中的反应具有相当的化学产率和量子产率。在$PhCH_2Cl$或Ph_3CCl的存在下，I或IV通过光解反应可分别产生二苄基或Ph_3C·自由基，且产率较高。配合物V通过闪光光解会生成1∶1的配合物I和IV；在纯异辛烷中，配合物II通过闪光光解会生成1∶1的配合物I和III；配合物I和IV的混合物通过光解可形成配合物V。在含有0.1mol/L PPh_3的异辛烷溶液中，配合物I在366nm处的光解产物主要为配合物III。

（11）$Re(I)Cl(CO)_3$(s-phen)配合物的光物理研究。

Striplin等研究发现菲啰啉环上甲基的引入，可控制$Re(I)Cl(CO)_3$(s-phen)的配合物进行非辐射过程的速率[14]。研究表明，不同轨道激发态的能隙是观察低速的必要条件，同时富兰克-康顿（Frank-Condon，FC）障碍存在于单线态和三重态间。此外，s-phen配体的最低$^3\pi\pi^*$能级相对$(nd)^6$离子能级不敏感。因此，有可能将该能级置于复合物中不能直接观察到的窄能量范围内。

（12）取代基化菲啰啉配体的 $Re(L\text{-}L)(CO)_3py^+$配合物的光物理性质。

Wallace 等制备了一系列 $Re(L\text{-}L)(CO)_3py^+$型配合物，其中 L-L 是 1,10-菲咯啉或含有甲基或苯基的菲咯啉衍生物，py 是吡啶[15]。所有配合物在室温溶液或 77K 玻璃中都具有很强的发光性，并且室温下的发光数据与 ^{3}MLCT 态的结果是一致的。在 CH_2Cl_2 中，最大发射波长从 510～548nm，与 L-L 有关，λ_{max} 与电极氧化还原电位呈明显的线性关系。在室温乙腈中的寿命约为几微秒（1.6～13μs），并且发射量子产率非常高（0.17～0.29）。在低温下的光物理测量结果表明存在两种非平衡激发态：^{3}MLCT 和 ^{3}LC（配体-中心）。时间分辨光谱证实了 ^{3}LC 态是两者中较长寿命的，并且与未配位配体 L-L 的结构光谱相似。这两种状态都依赖于取代模式，并且每种状态的贡献由特定的 L-L 确定。室温数据的趋势也可以通过调用多态模型来解释，但是在这些条件下，这两种状态处于热平衡状态。

（13）铼（I）二亚胺配合物的光物理性质。

Shaw 等研究了铼（I）配合物 $[Re(CO)_3(CH_3CN)(mstyb)](PF_6)$ 与 $\{[Re(CO)_3(CH_3CN)]_2(dstyb)\}(PF_6)_2$ 的光物理性能[16]。含 mstyb 配体的铼（I）配合物存在着 ^{3}MLCT 和 $^3(\pi \rightarrow \pi^*)$两种激发态，这两种激发态的能量取决于介质的温度。在室温乙腈溶液中为 ^{3}MLCT 激发态（558nm）发射；然而，在冷冻溶液中，观察到配体 $^3(\pi \rightarrow \pi^*)$（595nm）的结构内磷光。dstyb 配体的双核铼（I）配合物在室温溶液和低温玻璃中显示出结构型配体内磷光（695nm）。光谱表明，在 77K 激光激发后，两个配合物都立即观察到了配体内磷光和 ^{3}MLCT 发射。

（14）六核铼（Ⅲ）硫族化合物的光谱和光物理性质。

Gray 等用光谱和理论方法研究了六核铼（III）硫属元素化物簇$[Re_6(\mu_3\text{-}Q)_8]^{2+}$的电子、振动和激发态特性[17]。$[Re_6Q_8]^{2+}$簇在 12500～15100cm^{-1} 的发光范围的紫外或可见光激发下会产生荧光、1%～24%的发射量子产率、2.6～22.4μs 的发射寿命。非辐射衰减速率常数和最大荧光值遵循能隙定律（energy gap law，EGL）预测的趋势。Gray 等对溶液中的 24 种簇和固相中的 14 种簇进行了研究，结果表明外系簇配体产生了 EGL 行为；轴向具有氧或氮的配体簇产生了最大量子产率和最长寿命。通过将非辐射衰变模型应用于温度依赖性发射实验研究了激发态衰变机制。固态拉曼光谱证实了激发态失活的振动贡献；通过 Hartree-Fock 的正常配位分析和密度泛函理论（density functional theory，DFT）计算给出了光谱分配结果。激发态衰变可以用一种模型解释，这种模型是一种以$[Re_6Q_8]^{2+}$核为中心诱导非辐射弛豫的模型。这些$[Re_6Q_8]^{2+}$荧光的实验和理论研究为阐明最大系列等电子体簇的荧光应用提供了思路。

（15）铊（I）高铼酸盐的光学性质。

Kunkely 等[18]研究了铊（I）高铼酸盐（$Tl^{+}ReO_4^{-}$）的光学性质。结果表明：$Tl^{+}ReO_4^{-}$ 显示出较强的发光特性，最大吸收波长 $\lambda_{max} = 400nm$，是由 Tl^{+}的能量最低的 sp 三重态产生的，这种三重态可以被选择性激发。$TlReO_4$ 的激发光谱、发射光谱与 Tl_2SO_4 的几乎相同。不存在低能量的 $Tl^{I} \rightarrow Re^{VII}$ 的金属-金属电荷转移激发态。该研究结果不支持其他 s^2/d^0 型化合物（$BiVO_4$ 或 $PbWO_4$）以 MMCT 态作为最低能量激发态的假设。

（16）双核铼（I）配合物的合成及光物理性质。

Yam 等[19]合成了一系列双核铼（I）硫醇盐配合物 $[\{Re(L\text{-}L)(CO)_3\}_2(\mu\text{-}SC_6H_4\text{-}X\text{-}p)]OTf$ [L-L = phen，X = CH_3（1），OCH_3（2），$C(CH_3)_3$（3），Cl（4），F（5）；L-L = bpy，X = CH_3（6）；L-L =5,5′-Me_2-bpy，X = CH_3（7）]，并研究了其光物理和电化学性能，还确定了 6 的 X 射线晶体结构。结果表明，该配合物在室温下无论是在固体状态还是在溶液中都表现出较长的发光寿命，且发光源于 ^3MLCT。

（17）钙钛矿型结构的六价铼的磁性化合物。

Longo 等通过控制金属氧化物的反应条件制备了 $A^{II}(B_5{}^{II}Re_5{}^{VI})$[20]。当 A^{II} 是钡，而 B^{II} 代表钙、镁、锰、铁、钴、锌和镉二价阳离子时，这些化合物均为立方有序钙钛矿型。含有锰和铁的化合物是磁性的。当 B^{II} 为铁时，A 为锶和钙时会形成扭曲的立方钙钛矿型结构。这些磁性化合物的居里温度已经得到了确定。试图在 B 位置用铼（VI）和铁（II）制备含有镉的化合物，结果形成了一个结构未知的强磁性相。

（18）铼费米面的磁声学研究。

Testardi 等在高纯铼中研究了频率高达 1kMHz/s 的纵向声波衰减与磁场的关系[21]，观察到普通（横向场）空间共振、开轨道共振、普通和高强度朗道能级振荡、纵场共振和回旋共振。大部分数据与 Mattheiss 计算的第 5～8 区费米面片的微小变化相一致。空间共振数据中的主导信号在基面中产生 $0.121Å^{-1}$ 的各向同性厚度，可能产生第 8 区电子片的电子型费米面 Γ 中心腔。观察到朗道能级周期所对应的区域也是各向同性的。从巨大的朗道能级振荡和回旋共振获得的有效质量与现有数据一致。纵向场共振产生极值和椭圆极值比为 $\alpha A/\alpha k_z$，其中 A 是费米面在垂直于 k_z 的平面中的横截面积。

（19）鸟嘌呤键合的铼（I）的电子性质。

Oriskovich 等研究了配合物 $Re(bpy)(CO)_3 (EtG)^+$（1）的发光性质，这是第一个结构明确的 Re-碱基配合物（EtG = 9-乙基鸟嘌呤）[22]。该配合物的发光强烈地依赖于核碱基配体的电子性质。能隙定律结果表明 $\ln k_{nr}$ 与 E_{em} 的线性关系。鸟嘌呤配体电子性质的定量分析为设计金属配合物提供了一种新的方法。

（20）发光铼/钯配合物的激发态分子内电子转移反应性和分子阴离子传感特性。

Slone 等对常见的顺式桥联过渡金属的配合物体系进行了扩展[23]：在方形组件中加入发可见光的金属-配体组分。荧光特征的引入在分子传感方面具有很大的吸引力，因为它是一种从 ^{1}H NMR 光谱到客体杂质的检测替代物。这种诱导发光作用通过客体封装开启电子激发态，反应性并使其具有可控性。

（21）$[Ni(tmp)]_2[ReO_4]$的电荷输运性质。

Newcomb 等研究了 Ni(tmp)在高铼酸根离子存在下电化学氧化得到新的分子导体$[Ni(tmp)]_2[ReO_4]$的电荷输送性质，它是由金属-金属叠加的平面 Ni(tmp)分子组成[24]。细胞内的这两个独特的 Ni(tmp)分子在 4 个对称位点上，间距是 3.355（2）Å，并且围绕 c 轴（堆叠方向）相对于彼此旋转 27.5（1）°。tmp 配体是氧化位点。沿着 c（晶体 c）轴的单晶室温平均电导率为 $90\Omega^{-1}cm^{-1}$，是一种典型的 tmp 基导体。电导率的温度依赖性是热激发的，并且符合描述具有温度依赖性载流子迁移率的半导体的表达式：$\sigma = \sigma_0 T^a \exp(-E_g/KT)$（$E_g = 0.24$（2）eV，$3.5 < \alpha < 18$）。先前合成的 Ni(tmp)基导体在高温下表现出类似金属的导电性。该新型化合物的半导体性质归因于相邻堆叠的卟啉环间存在 27.5° 的旋转角度，使得环上的 π 分子轨道间转移积分变小。

（22）准一维分子导体中相干链间电子传输。

Kang 等测得有机超导体$(TMTSF)_2[ReO_4]$的角磁电阻高达 13.5T[25]，观察了具有良好分辨率的角磁阻振荡，通过对这些振荡的分析揭示了关于层间传输的几个重要特征。Lebed 共振下降到第二十一阶，并且观察到对应于 p/q =非整数的次共振下降。本研究的主要发现在于$(TMTSF)_2ReO_4$只有 p 和 q 均为奇数时才表现出 Lebed 共振效应。这个简单的模型可以应用于所有贝希加德盐。分析结果表明链间电子传输是连贯的，即使链间距超过 200Å。

3.3 化学性质

（1）布朗斯特酸和路易斯酸亲电裂解铼氧键。

$(CO)_3(L)_2ReOR$（1（$R = CH_3$）或 2（$R = CH_2CH_3$））配合物中的铼氧键可被布朗斯特酸和路易斯酸裂解[26]。将 X-H 型酸加入配合物 1 或 2 中，可以得到 $(CO)_3(L)_2ReX$ 和游离醇（L = 1,2-二(二甲基胂基)苯(diars，a)，1,2-二(二乙基膦基)乙烷(depe，b)，PMe_3(c)，(2S,4S)-2,4-二(二苯基膦基)戊烷(bdpp，d)或 1,2-二(二苯基膦基)乙烷(dppe，e)）。将苯胺等布朗斯特酸加入配合物 1 或 2 中，会发生可逆反应，将醇类产物从混合物中除去可以促进反应进行。

（2）Podand 型氮供体配合物对高铼酸根离子的萃取。

Podand 型氮供体配合物 *N*,*N*,*N*′,*N*′-四(2-吡啶基甲基)-1,2-乙二胺(TPEN)及其类似物可用于萃取高铼酸根离子（ReO_4^-）[27]。以 TPEN 萃取 ReO_4^-，在 pH_{eq} 大于 3.5 时，铼的分配系数随溶液酸度的增加而增加；在 pH_{eq} 低于 3.5 时，铼的分配系数则随溶液酸度的增加而降低。质子化的 TPEN 在强酸性溶液中具有较高的溶解度，但对 ReO_4^- 的提取量减小。向 TPEN 中引入两个烷基，如 *N*,*N*,*N*′,*N*′-四(2-吡啶基甲基)-二丁基乙二胺(TPDBEN)和 *N*,*N*,*N*′,*N*′-四[4-(2-丁氧基)-2-吡啶基甲基]乙二胺(TBPEN)，可以抑制 TPEN 在酸性溶液中的溶解，同时疏水的 TPEN 类似物与铼的分配系数会随着溶液酸度的增加而增大。

（3）钨、钼和铼配合物间的氧原子转移。

Over 等研究了钨、钼和铼配合物之间的金属与氧原子的转移[28]。在仅以氯化物和 $PMePh_2$ 作为支撑配体的情况下，可以观察到氧原子从铼转移到钼和钨上、从钼转移到钨上，但并不能向相反方向进行转移。例如，$Re(O)Cl_3L_2$ 与 $MoCl_2L_4$ 或 WCl_2L_4 反应，可以形成 $ReCl_3L_3$ 或 $M(O)Cl_2L_3$（M = W，Mo，$L = PMePh_2$）。研究表明，$d^2M(O)Cl_xL_{5-x}$ 配合物的 M—O 键强度顺序为 W > Mo > Re。由于氯原子的转移，反应也会生成 $MoCl_3L_3$ 和 WCl_3L_3。

（4）高铼酸银与高氯酸银的差异。

与 $AgClO_4$ 相反，$AgReO_4$ 不溶于氧供体溶剂和芳香烃，但两者都易溶于氮供体溶剂。银-阴离子和银-溶剂之间相互作用的竞争行为是导致 $AgReO_4$ 和 $AgClO_4$ 之间差异的主要原因，而不是阴离子碱度。$AgReO_4$ 和卤化物反应并不能得到高纯度的高铼酸酯产物，而 $ReOCl_4$ 则可通过 $AgReO_4$ 与 BCl_3 的简单反应制得[29]。

（5）高氧化态和低氧化态铼的有机金属化合物的激发态特性。

铼在其有机金属配合物中主要以高氧化态和低氧化态的形式存在。这些配合物含有各种激发态，如配位场（ligand field，LF）、配体-金属的电荷转移（ligand-to-metal charge-transfer，LMCT）、金属-配体的电荷转移（metal-to-ligand charge-transfer，MLCT）、配体-配体的电荷转移（ligand-to-ligand charge-transfer，LLCT）、金属对金属的电荷转移（metal-to-metal charge-transfer，MMCT）和内部配体（internal ligand，IL）激发态。其中能量最低激发态的性质可以通过选择合适的配体和金属氧化态来调节[30]。

（6）高铼酸盐在硫酸中的电解还原。

高铼酸盐在硫酸中经电化学还原可生成铼（V）或铼（IV），产物种类取决于硫酸浓度以及还原电位。浓硫酸中的还原反应可生成不稳定的铼（VI）；在稀硫酸中会出现紫色的氧化铼（V）和铼（VI）混合悬浮液，将其进一步还原可得到琥珀色的铼（V）溶液[31]。

（7）酸性溶液中高铼酸盐在贵金属电极上的电化学行为。

Méndez 等在贵金属上电化学还原高铼酸盐阴离子[32]，并对还原中间产物进行了检测。在酸性溶液中，贵金属电极表面会形成不同种类的含氢物质，其可作为还原剂对溶液中的高铼酸盐离子实现电化学还原。所以，易吸附氢原子的金属可以将 ReO_4^- 还原为 ReO_2；H_{ad} 与 ReO_2 层继续反应，会形成铼（III）可溶性物质，后经歧化反应生成 Re 和 ReO_2。对于不易吸附氢的金属，比如金，分子氢可直接作为还原剂，将高铼酸盐还原为金属铼。

（8）电沉积铼-锡纳米线。

铼是一种性能优异的难熔金属，纳米结构的铼由于具有特殊的化学和纳米尺度而具有独特的性能，在催化、光伏电池和微电子等领域有着广泛的应用前景。利用电沉积方法可以得到具有核壳结构的铼-锡纳米线。Naor-Pomerantz 等研究了镀液组成和操作条件对镀层的影响，并对镀层的化学结构进行了研究[33]。结果表明，镀层中铼含量（原子百分数）达到 77%，电流效率达到 46%。首先将锡纳米线生长于锡微粒上，然后用锡纳米线化学还原铼，以形成由富锡晶相组成的核层和由富铼非晶相组成的壳层的核壳结构。

（9）高铼酸盐在弱酸性柠檬酸和草酸中的电化学还原。

在弱酸性溶液中，草酸盐和柠檬酸盐与 ReO_4^- 可通过可逆反应生成 1∶1 型的配合物，从而促进 ReO_4^- 的还原。柠檬酸盐配合物$(ReO_4 \cdot H_2Cit)^{2-}$具有良好的稳定性，可得到相应的极限扩散电流；而草酸盐配合物$(ReO_4·H_2O_x)^-$为一个暂态的中间产物。在 pH<3 的条件下，柠檬酸盐配合物的形成机制为$ReO_4^- + H_3Cit = (ReO_4.H_2Cit)^{2-} + H^+$；而在 pH>3 的条件下，其形成机制为$ReO_4^- + H_2Cit = (ReO_4·H_2Cit)^{2-}$。柠檬酸盐上的羟基是形成柠檬酸盐配合物的关键，柠檬酸盐为双齿结构，占据着配位八面体的一面，通过羟基基团的氢键作用于含氧基团键合[34]。

（10）二亚胺三羰基铼（I）配合物在非质子介质中的电化学反应动力学。

Paolucci 等采用循环伏安法、计时电流法和光谱电化学法，在各种非质子溶剂中研究了单核铼（I）配合物 $[Re^I(CO)_3LX]^{n+}$，其中 L = 2,2'-联吡啶(bpy)，1,10-菲咯啉(phen)，X = Cl，CN（n = 0），CAN（n = 1），以及金属-金属键合的二聚体配合物$[(L)(CO)_3Re\text{-}Re(CO)_3(L)]$（L = bpy，phen）的电化学行为，系统描述了这些物种的氧化还原反应动力学[35]。对于$[Re(CO)_3(L)CN]$类型的金属配合物，其电化学行为受单配位基配体性质影响较大。

（11）铼的反式二氧配合物在水溶液中的电化学。

以玻碳电极为工作电极在反式$[(py)_4Re^V(O)_2]^+$（py 为吡啶）的水溶液中进行循环伏安测试，结果表明：Re（VI）(d^1)还原为 Re（II）(d^5)的反应可以在该水溶液中实现，同样的反应也可以发生在反式$[(CN)_4Re^V(O)_2]^{3-}$和反式$[(en)_4Re^V(O)_2]^+$的水溶液中。在 pH 为 6.8 或 13.0 时，添加 NO^{2-}或SO_3^{2-}可以抑制水的减少，这是因为加入上述物质后，会将 NO^{2-}或SO_3^{2-} 电催化还原为 NH_3 和 N_2O 或 H_2S 和 HS^-，从而减少水的分解[36]。

（12）铼配合物的电致化学发光。

$Re(L)(CO)_3Cl$ 配合物（L 是 1,10-菲咯啉，2,2'-联吡啶，菲咯啉或含有甲基的联吡啶衍生物）在室温下可实现光致发光。在乙腈溶液中，这类配合物显示出化学可逆单电子还原过程和化学不可逆氧化过程。发光 λ_{max} 依赖于配体 L 的性质，氧化和还原反应中 λ_{max} 和电极电位差之间存在明显的线性关系。Richter 等通过改良的 Pt 盘工作电极在这些配合物的乙腈溶液（Bu_4NPF_6 作为电解质）中观察到了电致化学发光现象（electrogenerated chemiluminescence，ECL）[37]。在阴阳极间的发光量与脉冲持续时间有关。在共反应物存在条件下，步进电势为正时可以形成去质子化的三-n-丙胺自由基和铼（II）阳离子。当 $S_2O_8^{2-}$ 存在时，可形成$(Re^I(L)(CO)_3Cl)^-$。在大多数情况下，ECL 谱与光致发光光谱相同。

（13）铼-腙配合物：*fac*-$Re(CO)_3$(dpknph)*Cl 的电光学特性。

在回流条件下，$Re(CO)_5Cl$ 与 PhMe 中的 dpknph 发生反应，生成

fac-Re(CO)$_3$(dpknph)*Cl[38]。dpknph 和 *fac*-Re(CO)$_3$(dpknph)*Cl 具有较强的电光学特性，可应用于非线性光学和分子检测领域。dpknph 和 *fac*-Re(CO)$_3$(dpknph)*Cl 的光谱和电化学测试结果表明：该金属配合物比游离的配体拥有更快的电子/电荷转移速度。不同溶剂中的转移速率顺序为：DMSO > DMF > MeCN。

（14）发光铼（I）炔基配合物的电化学。

Yam 等合成了一系列的发光铼（I）炔基配合物[Re(N—N)(CO)$_3$(C≡C—R)]（N—N═bpy，^{t}Bu$_2$bpy；R = C_6H_5，C_6H_4—Cl-4，C_6H_4—OCH_3-4，C_6H_4—C_8H_{17}-4，C_6H_4—C_6H_5，C_8H_{17}，C_4H_3S，C_4H_2S—C_4H_3S，C_5H_4N）及其同、杂金属双核配合物{Re(N—N)(CO)$_3$(C≡C—C$_5$H$_4$N)[M]}（N—N = bpy，^{t}Bu$_2$bpy；[M] = [Re{(CF$_3$)$_2$-bpy}(CO)$_3$]ClO$_4$，[Re(NO$_2$-phen)(CO)$_3$]ClO$_4$，W(CO)$_5$），研究了其电化学发光行为[39]。铼（I）的炔基配合物的发光特性来源于[dπ(Re)→ π*(N-N)]的金属到配体的电荷转移，并伴随着配体到配体的电荷转移。结果表明，LUMO 主要由 π*(N—N)组成，而 HOMO 主要由 Re—C≡CR 的反键性质决定。

（15）高铼酸盐的核四极共振及热膨胀。

Brown 等研究了各种温度下，高铼酸盐核四极共振频率的压力系数。对不溶的高铼酸盐，温度大体不变时，压力系数$(\mathrm{d}\nu/\mathrm{d}p)_T$为正值；对于 NH_4ReO_4，$(\mathrm{d}\nu/\mathrm{d}p)_T$为正值，当温度大于 221K 时随温度升高逐渐增大，当温度低于 221K 时共振消失。$KReO_4$ 和 NH_4ReO_4 的晶格参数都是温度的函数。$KReO_4$ 属白钨矿，在温度范围为 140～370K 时，其线性膨胀系数为 $\alpha_a = 2.7\times10^{-5}K^{-1}$，$\alpha_c = 5.6\times10^{-5}K^{-1}$；$NH_4ReO_4$ 的膨胀系数依赖于温度，且 α_a 为负数；当温度为 180K 时，其膨胀系数达到最大值，分别为 $\alpha_a =-18\times10^{-5}$，$\alpha_c = 39\times10^{-5}K^{-1}$[40]。

（16）单斜晶系 $TIReO_4$ 的低温相变。

de Waal 等在室温下研究了单斜晶系 $TIReO_4$ 的相变，其在室温与 90K 的温度区间会发生两种相变，单斜相在 170K 时会转变为正交相，在 150K 时则转变为四方相[41]。在加热到室温的过程中，四方相会保持，直到在 210~220K 时，转变为正交相。当温度从 230K 升到室温时，又转变为单斜。

（17）铼在 0.15～4.0K 的比热。

Smith 测定了铼在 0.15～4.0K 的比热[42]。在 0.3～1.7K 为超导态；在 0.15～4.0K 的比热可表示为 $C_n = \gamma T + \alpha T^3 + A/T^2$，其中，$\gamma$ =(2290 + 20)μJ/(mol·(°)^2)，α = (27 + 2)μJ/(mol·(°)^4)，A =(49 + 2)μJ/mol。T_0 < 1.700K 时，电子在超导状态的比热贡献为 $C_s = \gamma T_{0ae}{}^{-bT_0/T}$，$\alpha = 8.14$，$b = 1.413$，此参数与 T_0 时的 S_n–S_s 的熵差一致。德

拜温度在绝对零度时，$\theta_0 = 416\text{K}$，与由弹性常数测量的值相一致。由 γ 的测量值可以得到费米能级态的密度，为每个自旋原子态能量的 0.484。

（18）高稀释量热法测定高铼酸钠的标准态热力学性质。

Djamali 等在 298.15～598.15K 的温度范围和 P_{sat} 条件下，采用高稀释量热法测定了高铼酸钠水溶液的标准态热力学性质[43]。在 298.15～398.15K 范围内，将得到的高铼酸钠水溶液的标准态偏摩尔热容 $C_{p,2}$ 与文献值进行了比较。ReO_4^-(ap) 和 Cl^-(ap)的 $C_{p,2}$ 在低温下的差异要远大于由内部分子运动所引起的差异。因此，与氯离子相比，高铼酸根离子可能具有离子化不完全的初级水化层。

（19）一种新型金属铼稳定离子液体的热力学性质研究。

Fang 等合成了一种对空气和水稳定的 *N*-丁基吡啶铼（$[C_4Py][ReO_4]$）基的新型离子液体[44]，在 293.15～343.15K 的温度范围内测定了该离子液体的密度和表面张力，并根据空隙模型计算出了离子液体的热膨胀系数，且计算值与实验值吻合度良好。

（20）高铼酸钾与高铼酸铵的热容和热力学性质。

在 8～304K 的温度范围内，Weir 等测得了高铼酸钾和高铼酸铵的热容值[45]。所得数据并没有明显的相变规律，但高铼酸铵在 100～250K 温度范围内呈现出凹凸曲线特征，并且在 200K 时出现最大值。在 265～275K 的温度范围内，呈现出一个微小的再生峰值，可能是由水等杂质引起的。对于高铼酸钾，在 265K 下实验和计算的热容（C_p）最大差值小于 0.8%，无任何异常。

（21）高铼酸钾和高铼酸根离子的低温热容和热力学。

在 16～300K 的温度范围内测定了高铼酸钾的低温热容，结合溶解度和自由能数据计算了其摩尔熵为 40.12 ± 0.08cal/(mol·(°))（在 298.16K 下，1cal=4.1868J）[46]。将其与溶液数据和测量热相结合时，得到了高铼酸盐离子的熵为 48.3cal/(mol·(°))，摩尔生成吉布斯自由能为−167.1cal/mol。

（22）高铼酸根-四唑盐-水-氯仿系统的热力学研究。

Alexandrov 等研究了高铼酸根-四唑盐-水-氯仿体系的热力学性质，得到了一系列有关分配系数和平衡萃取常数的实验数据[47]。所得数据利用已有的关系模型，按照逻辑数学上的连续顺序进行处理，最终得到了表征系统热力学状态的焓（ΔH）、吉布斯自由能（ΔG）和熵（ΔS）。这些参数证明了高铼酸根-四唑盐-水-氯仿可作为一种可靠的萃取介质，也利于分析其他四唑盐萃取 ReO_4^- 的研究。

（23）高铼酸钠和高铼酸的标准偏摩尔热容。

Ahluwalia 等利用自主开发的积分热法，在 0～100℃的温度范围内，测定了高铼酸钠和高铼酸的无限稀释偏摩尔热容 C_p° [48]，由此得到了稳定复合离子 ReO_4^- 的高温溶液化学数据，在研究温度下，$HReO_4$（ap）和 $NaReO_4$（ap）都具有正的 C_p° 值。

（24）叔异辛胺溶剂萃取高铼酸盐的热力学。

Fang 等在 NH_4Cl 作为电解质的水相中，278.15～303.15K 的温度下，0.2～2mol/kg 的离子强度下，测得了 ReO_4^- 的平衡摩尔浓度[49]。通过 Debye-Hückel 外推法和 Pitzer 多项式近似法得到了不同温度下的标准萃取常数 K^0，探究了萃取过程的热力学性质。萃取剂在不同温度下均呈现较好的萃取效果。$\Delta_r G^0$ 和 K^0 随着温度的降低而增大，表明低温更有利于萃取。$\Delta G_M^0 < 0$，意味着在恒温恒压条件下，离子缔合反应可自发进行。

（25）手性铼片段$[(\eta^5\text{-}C_5H_5)Re(NO)(PPh_3)]^+$配合物的合成与结构：O═C/C═C 和 O═C/C≡C 的选择性键合的发散动力学和热力学。

Wang 等研究了取代不稳定二氯甲烷配合物$[(\eta^5\text{-}C_5H_5)Re(NO)(PPh_3)\text{-}(ClCH_2Cl)]^+BF_4^-$与 α,β-不饱和醛和酮的反应[50]。丙烯醛得到了一种 π O═C 配合物，在固态（100℃）下异构化生成 π C═C 配合物。丁烯醛中同时存在 π O═C 配合物和 σ O═C 配合物（52∶48，CH_2Cl_2，室温），在 80℃下异构化生成 π C═C 配合物。−25℃核磁结果表明甲基乙烯基酮得到一种 σ O═C 配合物，在室温下以 π C═C 配合物存在。其他非环乙烯基酮表现相似。环戊烯酮和环己烯酮得到 σ O═C 配合物，在 60～90℃下部分异构化生成 π C═C 配合物。乙炔酮 4-苯基-3-丁炔-2-酮在−25℃下生成 σ O═C 配合物，在室温下生成 π C≡C 配合物。这些配合物均以多种异构体形式存在。数据表明，对于铼片段$[(\eta^5\text{-}C_5H_5)Re(NO)(PPh_3)]^+$，α,β-不饱和醛和酮的 O═C 基团是动力学上优先键合点，而 C═C 或 C≡C 基团通常是热力学上优先键合点。

（26）高铼酸钾的分子动力学和晶格动力学。

Brown 等研究了具有四方晶型白钨矿结构的晶体 $KReO_4$ 的分子动力学和晶格动力学计算[51]。这些计算为分子动力学模拟提供了一种精确的模型。在低温和零压力下，通过调节阴离子上的电荷分布和排斥电位参数以满足晶胞尺寸，然后在一定温度范围内研究了 $KReO_4$ 的性质。量子热容对于低温时有效，在低温下阴离子的内部结构模型不会被明显激发，计算出的低温热容表明德拜温度为 104K。晶体参数的温度依赖性大，在 10～50K 的温度范围内，计算出的热容比实验数据增长得更快，表明低频态密度过高。

（27）铁电吡啶高铼酸盐的动力学。

Czarnecki 等通过 X 射线衍射法测定了一种新型吡啶盐基$[C_5H_5NH]^+ReO_4^-$的铁电体在 350K、293K 和 220K 下的晶体和分子结构[52]。在这三种温度下，$[C_5H_5NH]^+ReO_4^-$存在着一系列的结构相变：*Cmcm*→$Cmc2_1$→*Pbca*。这三种结构在空间群中是正交的。在 293K 和 350K 的高温相中，吡啶阳离子是无序的，高铼酸阴离子是有序的，没有观察到 N-原子位置。低温相中吡啶阳离子和铼酸根离子都是有序的。中低温相为铁电相。在铁电相中，吡啶阳离子在围绕垂直于阳离子平面的轴的不等效能垒之间经历重新取向。在顺电相中，吡啶阳离子在围绕垂直于阳离子平面的轴的等效能垒之间经历重新取向。在接近铁电相变的温度下观察到阳离子动力学随温度的降低而持续减慢现象，这证明了铁电相变的有序-无序特征。

3.4　结 构 特 性

（1）双核铼配合物的结构性质。

Machura 研究了含$(ReO)_2(\mu\text{-}O)$双核铼配合物的结构和光谱性质[53]。典型的双核铼（VI）配合物除氧桥外没有任何额外的侨联配体，除氧桥外。根据 Re—O—Re 桥的结构特点，配合物通常分为三类：①具有线性 Re-O-Re 骨架的双核铼配合物，②具有弯曲 Re—O—Re 单元的双核配合物，③具有线性 Re—O—Re 单元和反端氧配体几何形状的配合物。$[\{ReO(CH_3)_3\}_2(\mu\text{-}O)]$和$[ReO\{(CH_3)_3SiCH_2\}_3](\mu\text{-}O)$的两个金属中心是五配位的，并且金属的配位环境可以用扭曲的四角锥或畸变的三角双锥几何形状来描述。$[\{ReO(CH_3)_3\}_2(\mu\text{-}O)]$与三甲基铝在己烷溶液中反应，可分离得到$(CH_3)_3SiOReO_3$的重结晶。

（2）氧化铼（VII）的晶体结构。

Krebs 等用薄膜技术收集的三维单晶 X 射线数据确定氧化铼（VII）Re_2O_7的晶体结构[54]。对于 1126 个非零反射，用最小二乘法精修收敛到 0.053 的常规 R 因子。该化合物在斜方晶系 $P2_12_12_1$ 空间群中（$a = 12.508Å$，$b = 15.196Å$，$c = 5.448Å$，$V = 1035.5Å$）结晶，一个晶胞中含有 8 个分子单元。密度的实验值和计算值分别为 $6.14g/cm^3$ 和 $6.214g/cm^3$。该化合物的结构由扭曲的 ReO_6 八面体和相当规则的

ReO_4四面体组成，它们通过角连接在 *ac* 面上形成聚合的双层，双层仅通过范德瓦耳斯力接触到邻近层。八面体的锯齿链、双层的上半部或下半部的其他链通过四面体的角连接，从而在层内形成环（o-t-o-t）（o =八面体，t =四面体）。八面体包含三个短（1.65～1.75Å）和三个长（2.06～2.16Å）Re—O 键，而在四面体中，键长范围为 1.68～1.80Å。在其结构和键合性质方面，氧化铼（VII）是介于聚合氧化物 MoO_3 和 WO_3 与共价键合的 OsO_4 之间的一种中间体。

（3）高铼酸-2,2'-(1,3-二氨基丙烷)二(2-甲基-3-丁酮肟)铜（II）的晶体结构。

Liss 等利用闪光计数器收集的三维 X 射线数据，确定了高铼酸-2,2'-(1,3-二氨基丙烷)二(2-甲基-3-丁酮肟)铜（II）的晶体结构[55]。斜方晶系的晶胞尺寸为 a = 11.989(6)Å，b = 12.430(6)Å 和 c = 13.258(7)Å。以每单位晶胞 4 个分子计算的密度为 1.968(2)g/cm^3，与浮选密度（1.96(2)g/cm^3）一致。空间群为 *Pmcn*。该结构由离散的五配位方锥体铜（II）中性配合物构成。四齿 α-胺肟配体在铜的正方形平面内与 Cu—N（胺）= 1.99(1)Å 和 Cu-N（肟）= 1.96(2)Å 键合。四方锥体的顶端位置由高铼酸氧（Cu—O = 2.40(1)Å，并且 Re—O(av)= 1.70(3)Å）占据。

（4）三铼酸铀酰的结构单元。

Karimova 等合成并确定了三种铀酰高铼酸盐的结构[56]。$(UO_2)_2(ReO_4)_4(H_2O)_3$（1）为三斜晶系，空间群为 $P\overline{1}$，a = 5.2771(7)Å，b = 13.100(2)Å，c = 15.476(2)Å，α = 107.180(2)°，β = 99.131(3)°，γ = 94.114(2)°，V = 1001.12 Å^3，Z = 2。$[(UO_2)_4(ReO_4)_{23}O(OH)_4(H_2O)_7](H_2O)_5$（2）也为三斜晶系，空间群为 $P\overline{1}$，a = 7.884(1)Å，b = 11.443(2)Å，c = 16.976(2)Å，α = 83.195(4)°，β = 89.387(4)°，γ = 85.289(4)°，V = 1515.70Å^3，Z = 2。$Na(UO_2)(ReO_4)_3(H_2O)_2$（3）为单斜晶系，空间群为 *C2/m*，$a$ = 12.311(3)Å，b = 22.651(6)Å，c = 5.490(1)Å，β = 109.366(6)°，V = 1444.24Å^3，Z = 4。这些化合物是首次在结构上被表征的不含有机配体的铀酰铼酸盐。在每个结构中，高铼酸盐基团在五角双锥体的赤道顶点处配位铀酰离子。1 包含铀酰五角双锥体（铼酸盐共享的顶点作侨联）的复杂链。2 和 3 中的结构单元由三个新的特定簇组成，包括铀酰离子与高铼酸盐的配位。目前的研究结果表明这些配体都可以配位铀酰，并且产生新的结构类型。

（5）$[M(H_2O)_3(CO)_3]^+$（M = Tc，Re）的结构模型。

Kramer 等以$[M(H_2O)_3(CO)_3]^+$（M = Tc，Re）与 $Na[CpCo[PO(OR)_2]_3]$（NaL_{OR}；R = Me，Et）反应生成配合物 $M(CO_3)(L_{OR})$[57]，配体 L_{OEt} 以{OOO}的三齿方式与金属中心结合。四种配合物都可以用$[M(H_2O)_3(CO)_3]^+$的结构做模型。$Tc(CO)_3(L_{OEt})$

的晶体数据如下：分子式为 $C_{20}H_{35}CoO_{12}P_3Tc$，MW = 717.32，单斜晶系，$a$ = 11.5661(1)Å，b = 18.671(2)Å，c = 13.7852(1)Å，β = 92.770(2)°，V = 2973.5(5)Å^3，空间群为 $P2_1/n$，Z = 4，R_1 = 0.0669，wR_2 = 0.1361。$Re(CO)_3(L_{OEt})$的晶体数据如下：分子式为 $C_{20}H_{35}CoO_{12}P_3Re$，MW = 805.52，单斜晶系，$a$ = 11.5113(7)Å，b = 18.6022(12)Å，c = 13.7397(8)Å，β = 92.7580(10)°，V = 2938.7(3)Å^3，空间群为 $P2_1/n$，Z = 4，R_1 = 0.0384，wR_2 = 0.0760。

（6）高铼酸根离子的结构。

Claassen 等用拉曼和红外光谱研究了高铼酸水溶液和高铼酸钠水溶液，并假定稀溶液中的高铼离子为 ReO_4^-[58]。光谱数据显示，稀溶液中的高铼酸根离子是四面体对称结构。在浓溶液中，额外的拉曼谱带和溶液的绿色状态，很可能与未解离的 $HOReO_3$ 有关。

（7）$M_2X_4(PR_3)_4$ 配合物（M = Re，W；X = Cl，Br；R = Me，n-Pr，n-Bu）的结构。

Cotton 等通过 X 射线晶体学对多重键合的二铼和二钨化合物进行了表征[59]：$Re_2Cl_4(PMe_3)_4$（1）、$[Re_2Cl_4(PMe_3)_4]ReO_4$（2）、$Re_2Cl_4(P\text{-}n\text{-}Pr_3)_4$（3）、$Re_2Br_4(P\text{-}n\text{-}Pr_3)_4$（4）和 $W_2Cl_4(P\text{-}n\text{-}Bu_3)_4{\cdot}C_7H_8$（5）。相关晶体数据如下：对于 1，单斜空间群为 $C2/c$，a = 18.058(3)Å，b = 9.247(1)Å，c = 18.725(2)Å，β = 124.64(1)°，V = 2572(1)Å^3，Z = 4；对于 2，正交空间群为 $Pmcn$，a = 14.166(2)Å，b = 9.799(2)Å，c = 20.836(4)Å，V = 2892(1)Å^3，Z = 4；对于 3，单斜空间群为 $I2/a$，a = 18.564(6)Å，b = 14.766(6)Å，c = 19.283(5)Å，β = 106.21(2)°，V = 5076(3)Å^3，Z = 4；对于 4，单斜空间群为 $C2/c$，a = 18.513(5)Å，b = 14.767(4)Å，c = 19.381(6)Å，β = 104.57(2)°，V = 5128(2)Å^3，Z = 4；对于 5，三斜空间群为 $P\bar{1}$，a = 13.947(1)Å，b = 20.743(7)Å，c = 13.612(6)Å，α = 96.28(3)Å，β = 117.78(2)°，γ = 74.73(2)°，V = 3361(2)Å^3，Z = 2。这些配合物具有三种取向的双金属单元，对于 3，4，5 其占有率分别为 43%，29%，28%（3）；50%，32%，18%（4）；88%，8.5%，3.5%（5）。

（8）二硫化铼的结构。

二硫化铼的不对称结构由两个 Re^{4+}和四个 S^{2-}（Re_1，Re_2，S_1，S_2，S_3，S_4）组成，并且类似于 $CdCl_2$ 的固态结构[60]。硫原子的六方密堆积阵列的层沿着 a 轴堆叠并且平行于单元的 bc 平面。每个铼以八面体几何构型与六个硫原子配位，并且每个三角锥体硫原子与三个铼原子键合。每个 d^3-Re 原子参与阳离子层中三个相邻的金属-金属键形成，导致形成 Re_4 平行四边形，其锐角顶点以线性方式通过

2.895Å 的 Re—Re 键连接在一起。每个 Re_4 平行四边形由两个共用边的金属-金属键合的铼原子三角形组成，平行四边形的 Re—Re 边是 2.790Å 和 2.824Å，共享边缘是 2.695Å，是 Re—Re 键中最短的。

（9）1-氧代-6-乙氧基-2,4-二氯-3,5-二吡啶鎓（V）的晶体和分子结构。

Lock 等通过单晶 X 射线衍射研究了 1-氧代-6-乙氧基-2,4-二氯-3,5-二吡啶鎓（V）的晶体和分子结构。晶体为单斜晶系[61]：a = 28.045(10)Å，b = 8.766(3)Å，c = 12.376(5)Å，β = 91.14(3)°。空间群为 $C2/c$，每单位晶胞有 8 个分子。该结构由全矩阵最小二乘法改进 R_2 值为 0.0449。配体在铼原子周围形成扭曲的八面体，具有 Re—Cl（1），2.441(3)Å；Re—Cl（2），2.366(3)Å；Re—O（1），1.684(7)Å；Re—O（2），1.896(6)Å；Re—N（1），2.144(3)Å；Re—N（2），2.132(7)Å。吡啶环是决定分子结构细节的主要因素。

（10）低温和常温下高锝酸苯胺和高铼酸苯胺的合成与晶体结构。

Maruk 等首次在常温常压和剧烈搅拌条件下，使过锝/过铼酸稀溶液与高纯级苯胺经发生中和反应，合成了高锝酸苯胺（I）和高铼酸苯胺（II）盐，并对它们的晶体结构进行了研究[62]。实验结果表明，I 和 II 的晶体是同构的（单斜晶系，空间群 $P2_1/c$）。在低温和常温下，化合物 I 和 II 具有两个不同的参数 a。当冷却温度从 100～293K 时，化合物 I 和 II 都发生了相变，参数 a 加倍，单位晶胞沿 x 轴生长两倍，保持同构特征并且空间群保持相同。

（11）高铼酸盐$[TMTSF]_2ReO_4I$ 低温相结构研究。

Moret 等用超晶格反射的 X 射线强度分析了高铼酸盐$[TMTSF]_2ReO_4I$ 在 T = 180K 时的有序-无序的转变，证实了早期提出的阴离子结构有序性，并揭示了扭曲阴离子阵列和 TMTSF 分子堆叠的刚性位移的原因。TMTSF 分子之间堆栈重叠，是解释金属-绝缘体跃迁的关键[63]。

参 考 文 献

[1] Cabot C, Negra S D, Deprun C, et al. Copper ion induced reactions on 110-108-106Cd, 109-107Ag and 110Pd[J]. New Rhenium Osmium and Iridium Isotopes, 1978, 287(1): 71-83.

[2] Wolicki E A, Fagg L W, Geer E H. Coulomb excitation of bromine and rhenium[J]. Physical Review, 1957, 105(1): 238-240.

[3] Zhang Z, Wang X, Wu Y, et al. Preparation of ^{186}Re and ^{188}Re with high specific activity by the Szilard-Chalmers effect[J]. Journal of Labelled Compounds and Radiopharmaceuticals, 2000, 43(1): 55-64.

[4] Buttet J, Baily P K. Knight shift and zero-field splitting in rhenium determined by nuclear acoustic resonance[J].

Physical Review Letters, 1970, 24(22): 1220-1223.

[5] Mattheiss L F. Band structure and fermi surface for rhenium[J]. Physical Review, 1966, 151(2): 450-464.

[6] Duffy T S, Shen G, Heinz D L, et al. Lattice strains in gold and rhenium under nonhydrostatic compression to 37 GPa[J]. Physical Review B, 1999, 60(22): 15063-15073.

[7] Paradis P F, Ishikawa T, Yoda S. Noncontact density measurements of tantalum and rhenium in the liquid and undercooled states[J]. Applied Physics Letters, 2003, 83(19): 4047-4049.

[8] Zhang R F, Veprek S, Argon A S. Mechanical and electronic properties of hard rhenium diboride of low elastic compressibility studied by first-principles calculation[J]. Applied Physics Letters, 2007, 91(20): 2401-2404.

[9] Herr W, Hintenberger H, Voshage H. Half-life of rhenium[J]. Physical Review, 1954, 95(6): 1691-1692.

[10] Chu C W, Smith T F, Gardner W E. Study of fermi-surface topology changes in rhenium and dilute Re solid solutions from Tc measurements at high pressure[J]. Physical Review B, Condensed Matter, 1969, 1(1): 214-220.

[11] Macqueen D B, Schanze K S. Cation-controlled photophysics in a rhenium(I) fluoroionophore[J]. Journal of the American Chemical Society, 1991, 113(16): 6108-6110.

[12] Guerrero J, Piro O E, Wolcan E, et al. Photochemical and photophysical reactions of *fac*-rhenium(I) tricarbonyl complexes. Effects from binucleating spectator ligands on excited and ground state processes[J]. Organometallics. 2001, 20(13): 2842-2853.

[13] Wrighton M S, Ginley D S. Photochemistry of metal-metal bonded complexes. II. Photochemistry of rhenium and manganese carbonyl complexes containing a metal-metal bond[J]. Journal of the American Chemical Society, 1975, 97(8): 2065-2072.

[14] Striplin D R, Crosby G A. Photophysical investigations of rhenium(I) $Cl(CO)_3$(phenanthroline)complexes[J]. Coordination Chemistry Reviews, 2001, 211(1): 163-175.

[15] Wallace L, Rillema D P. Photophysical properties of rhenium(I) tricarbonyl complexes containing alkyl-and aryl-substituted phenanthrolines as ligands[J]. Inorganic Chemistry, 1993, 32(18): 3836-3843.

[16] Shaw J R, Schmehl R H. Photophysical properties of rhenium(I) diimine complexes: observation of room-temperature intraligand phosphorescence[J]. Journal of the American Chemical Society, 1991, 113(2): 389-394.

[17] Gray T G, Rudzinski C M, Meyer E E, et al. Spectroscopic and photophysical properties of hexanuclear Rhenium(III) chalcogenide clusters[J]. Journal of the American Chemical Society, 2003, 125(16): 4755-4770.

[18] Kunkely H, Vogler A. Optical properties of thallium(I) perrhenate. Thallium-localized phosphorescence[J]. Monatshefte Für Chemie, 2004, 135(1): 1-4.

[19] Yam V, Wong K, Cheung K. Synthesis, photophysics, and electrochemistry of luminescent binuclear rhenium(I) complexes containing μ-bridging thiolates. X-ray crystal structure of $[\{Re(bpy)(CO)_3\}_2(\mu\text{-}SC_6H_4\text{-}CH_3\text{-}P)]OTf$[J]. Organometallics, 1997, 16(8): 1729-1734.

[20] Longo J, Ward R. Magnetic compounds of hexavalent rhenium with the Perovskite-type structure[J]. Journal of the American Chemical Society, 1961, 83(13): 2816-2818.

[21] Testardi L R, Soden R R. Magnetoacoustic study of the rhenium fermi surface[J]. Physical Review, 1967, 158(3): 581-590.

[22] Oriskovich T A, White P S, Thorp H H. Luminescent labels for Purine nucleobases: electronic properties of guanine bound to rhenium(I)[J]. Inorganic Chemistry, 1995, 34(7): 1629-1631.

[23] Slone R V, Yoon D I, Calhoun R M, et al. Luminescent rhenium/palladium square complex exhibiting excited state intramolecular electron transfer reactivity and molecular anion sensing characteristics[J]. Journal of the American Chemical Society, 1995, 117(47): 11813-11814.

[24] Newcomb T P, Godfrey M R, Hoffman B M, et al. Structural and charge transport properties of bis[(5,10,15,20-tetramethylporphyrinato)nickel(II)] perrhenate, $[Ni(tmp)]_2[ReO_4]$[J]. Inorganic Chemistry, 1990, 29(2): 223-228.

[25] Kang H, Jo Y J, Uji S, et al. Evidence for coherent interchain electron transport in quasi-one-dimensional molecular conductors[J]. Physical Review B, 2003, 68(13): 132508.

[26] Simpson R D, Bergman R G. Electrophilic cleavage of rhenium-oxygen bonds by Broensted and Lewis acids[J]. Organometallics, 1992, 11(12): 3980-3993.

[27] Ogata T, Takeshita K, Tsuda K, et al. Solvent extraction of perrhenate ions with podand-type nitrogen donor ligands[J]. Separation and Purification Technology, 2009, 68(2): 288-290.

[28] Over D E, Critchlow S C, Mayer J M. Oxygen and chlorine atom transfer between tungsten, molybdenum, and rhenium complexes. Competition between one- and two-electron pathways[J]. Inorganic Chemistry, 1992, 31(22): 4643-4648.

[29] Woolf A A. A comparison of silver perrhenate with silver perchlorate[J]. Journal of The Less Common Metals, 1978, 61(1): 151-160.

[30] Vogler A, Kunkely H. Excited state properties of organometallic compounds of rhenium in high and low oxidation states[J]. Coordination Chemistry Reviews, 2000, 200-202: 991-1008.

[31] Wehner P, Hindman J C. Electrolytic reduction of perrhenate. II. Studies in sulfuric acid[J]. Journal of the American Chemical Society, 1953, 75(12): 2873-2877.

[32] Méndez E, Cerdá M F, Castro L A M, et al. Electrochemical behavior of aqueous acid perrhenate-containing solutions on noble metals: critical review and new experimental evidence[J]. Journal of Colloid and Interface Science, 2003, 263(1): 119-132.

[33] Naor-Pomerantz A, Eliaz N, Gileadi E. Electrodeposition of rhenium-tin nanowires[J]. Electrochimica Acta, 2011, 56(18): 6361-6370.

[34] Vajo J J, Aikens D A, Ashley L. Facile electroreduction of perrhenate in weakly acidic citrate and oxalate media[J]. Inorganic Chemistry, 1981, 20(10): 3328-3333.

[35] Paolucci F, Marcaccio M, Paradisi C, et al. Dynamics of the electrochemical behavior of diimine tricarbonyl rhenium(I)complexes in strictly aprotic media[J]. The Journal of Physical Chemistry B, 1998, 102(24): 4759-4769.

[36] Pipes D W, Meyer T J. Electrochemistry of trans-dioxo complexes of rhenium(V) in water[J]. Inorganic Chemistry, 1986, 25(18): 3256-3262.

[37] Richter M M, Debad J D, Striplin D R, et al. Electrogenerated chemiluminescence. 59. rhenium complexes[J]. Analytical Chemistry, 1996, 24(68): 4370-4376.

[38] Bakir M, Abdur-Rashid K. Electro-optical properties of the first Rhenium-hydrazone complex, *fac*-$Re(CO)_3$ (dpknph)*Cl[J]. Transition Metal Chemistry, 1999, 24(4): 384-388.

[39] Yam V, Wong K, Chong S, et al. Synthesis, electrochemistry and structural characterization of luminescent rhenium(I) monoynyl complexes and their homo-and hetero-metallic binuclear complexes[J]. Journal of Organometallic

Chemistry, 2003, 670(1): 205-220.

[40] Brown R J S, Smeltzer J G, Heyding R D. Nuclear quadrupole resonance and thermal expansion in perrhenate salts[J]. Journal of Magnetic Resonance (1969), 1976, 24(2): 269-274.

[41] de Waal D, Kiefer W. Raman Investigation of the low temperature phase transitions in monoclinic $TlReO_4$[J]. Zeitschrift für Anorganische und Allgemeine Chemie, 2004, 630(1): 127-130.

[42] Smith D R. Specific heat of rhenium between 0.15 and 4.0 K[J]. Physical Review B, 1970, 1(1): 188-192.

[43] Djamali E, Chen K, Cobble J W. Standard state thermodynamic properties of aqueous sodium perrhenate using high dilution calorimetry up to 598.15 K[J]. Journal of Chemical Thermodynamics, 2009, 41(9):1035-1041.

[44] Fang D W, Zang S L, Guan W, et al. Study on thermodynamic properties of a new air and water stable ionic liquid based on metal rhenium[J]. Journal of Chemical Thermodynamics, 2010, 42(7): 860-863.

[45] Weir R D, Staveley L A K. The heat capacity and thermodynamic properties of potassium perrhenate and ammonium perrhenate from 8 to 304 K[J]. The Journal of Chemical Physics, 1980, 73(3): 1386-1392.

[46] Cobble J W, Oliver G D, Smith W T. Thermodynamic properties of technetium and rhenium compounds. V. Low temperature heat capacity and the thermodynamics of potassium perrhenate and the perrhenate ion[J]. Journal of the American Chemical Society, 1953, 75(23): 5786-5787.

[47] Alexandrov A, Simeonova Z. Thermodynamic investigation of the system perrhenate-tetrazolium salt-water-chloroform[J]. Thermochimica Acta, 1986, 107: 123-129.

[48] Ahluwalia J C, Cobble J W. The thermodynamic properties of high temperature aqueous solutions. II. Standard partial molal heat capacities of sodium perrhenate and perrhenic acid from 0 to 100℃[J]. Journal of the American Chemical Society, 1964, 86(24): 5377-5381.

[49] Fang D W, Wang H, Xiong Y, et al. Thermodynamics of solvent extraction of perrhenate with tertiary isooctyl amine[J]. Fluid Phase Equilibria, 2011, 300(1-2): 116-119.

[50] Wang Y, Agbossou F, Dalton D M, et al. Syntheses and structures of complexes of *α,β*-unsaturated carbonyl compounds and the chiral rhenium fragment $[(\eta^5\text{-}C_5H_5)Re(NO)(PPh_3)]^+$: divergent kinetic and thermodynamic O=C/C=C and O=C/C≡C binding selectivities[J]. Organometallics. 1993, 12(7): 2699-2713.

[51] Brown R J C, Lynden-Bell R M, Mcdonald I R, et al. Crystalline potassium perrhenate: a study using molecular dynamics and lattice dynamics[J]. Journal of Physics: Condensed Matter, 1994, 6(46): 9895-9902.

[52] Czarnecki P, Maluszynska H. Structure and dielectric properties of ferroelectric pyridinium perrhenate crystals[J]. Journal of Physics: Condensed Matter, 2000, 12(22): 4881-4892.

[53] Machura B. Structural and spectroscopic properties of dinuclear rhenium complexes containing $(ReO)_2(\mu\text{-}O)$core[J]. Coordination Chemistry Reviews, 2005, 249(5-6): 591-612.

[54] Krebs B, Mueller A, Beyer H H. Crystal structure of rhenium(VII) oxide[J]. Inorganic Chemistry, 1969, 8(3): 436-443.

[55] Liss I B, Schlemper E O. Cheminform abstract: coordination of perrhenate ion in a five-coordinate square-pyramidal Copper(II) complex. Crystal structure of perrhenato-2,2'-(1,3-diaminopropane)bis(2-methyl-3-butanone oximato) Copper (II)[J]. Inorganic Chemistry, 1975, 14(12): 3035-3039.

[56] Karimova O V, Burns P C. Structural units in three uranyl perrhenates[J]. Inorganic Chemistry, 2007, 46(24): 10108-10113.

[57] Kramer D J, Davison A, Jones A G. Structural models for $[M(CO)_3(H2O)_3]^+$,(M = Tc, Re): fully aqueous synthesis of technetium and rhenium tricarbonyl complexes of tripodal oxygen donor ligands[J]. Inorganica Chimica Acta, 2001, 312(1): 215-220.

[58] Claassen H H, Zielen A J. Structure of the perrhenate Ion[J]. The Journal of Chemical Physics, 1954, 22(4): 707-709.

[59] Cotton F A, Jennings J G, Price A C, et al. Structural studies on rhenium and tungsten halo trialkylphosphine, $M_2X_4(PR_3)_4$ compounds (M = Rhenium, Tungsten; X = Cl, Br; R = Me, n-Pr, n-Bu). The first examples of simple three-way disorder of dimetal units within ordered ligand cages[J]. Inorganic Chemistry, 1990, 29(20): 4138-4143.

[60] Murray H H, Kelty S P, Chianelli R R, et al. Structure of rhenium disulfide[J]. Inorganic Chemistry, 1994, 33(19): 4418-4420.

[61] Lock C J L, Turner G. Studies of the Rhenium-oxygen bond. III. The crystal and molecular structure of 1-oxo-6-ethoxo-2,4-dichloro-3,5-dipyridinerhenium(V)[J]. Canadian Journal of Chemistry, 1977, 55(2): 333-339.

[62] Maruk A Y, Grigor'ev M S, German K E. Synthesis and crystal structure of anilinium pertechnetate and perrhenate at low and room temperatures[J]. Russian Journal of Coordination Chemistry, 2010, 36(5): 381-388.

[63] Moret R, Pouget J P, Comès R. X-ray scattering evidence for anion ordering and structural distortions in the low-temperature phase of di(tetramethyltetraselanafulvalenium)perrhenate $[(TMTSF)_2ReO_4]$[J]. Physical Review Letters, 1982, 49(14): 1008-1013.

第4章　铼的定量分析方法

铼在地壳中的含量非常少，因此找寻准确可靠的分析检测方法至关重要。目前，铼的定量分析方法主要有光度分析法、吸收光谱法、中子活化分析法、X射线荧光光谱法、电化学分析法和发射光谱分析法、等离子体-质谱法等。

4.1　光度分析法

光度分析法是分析铼方法中应用最广泛的方法。光度分析法主要包括功能团显色光度法、紫外分光光度法、碱性染料法、催化动力学光度法等。

4.1.1　功能团显色光度法

功能团显色光度法中铼的显色试剂主要分为含硫试剂和含肟基的有机试剂。含硫试剂以硫脲、硫氰酸盐及其衍生物为主，如二硫酚、对甲苯硫酚、8-羟基喹啉、N,N-二乙基-N'-苯甲酰硫脲等。含有肟基的有机试剂有 α-二呋喃乙二肟、苯并氧肟酸、α-苯偶酰二肟等。

金珊等[1]提出了测定重整催化剂中铼含量的方法，催化剂样品经盐酸、磷酸、过氧化氢加热溶解，溶液中的铼（VII）在盐酸介质中被$SnCl_2$还原成铼（II），并与硫脲形成稳定的黄色配合物，在波长440nm处进行测定。铼含量在0～20μg/mL范围内符合朗伯-比尔定律，表观摩尔吸光系数为5.66×10^3L/(mol·cm)。

周煜等[2]探讨了将钼（VI）氧化为钼（V）后生成的盐酸羟胺-钼-EDTA稳定络合物的方法来掩蔽钼，硫脲光度法测定了含钼粗铼酸钾中的铼含量。结果表明在弱盐酸介质中，80℃水浴35min条件下，4mL的EDTA溶液和3mL盐酸羟胺溶液能够掩蔽3.0mg钼，且络合掩蔽体系对显色络合物无影响；于3.0mol/L盐酸介质中，在吸收波长λ_{440}处，铼质量浓度在0～20μg/mL范围内符合朗伯-比尔定律，检出限为1.91×10^{-8}μg/mL。方法用于含钼40%～50%的粗铼酸钾样品中10%～20%的铼含量测定，相对标准偏差（RSD，n=7）为0.15%～0.25%，回收率为100%。

硫脲分光光度法适用于测定0.5%～20%的铼，但是选择性较差，硫氰酸盐分光光度法选择性好，但仅适用于测定0.001%～0.2%的铼，所测含量相对于富铼渣中铼含量较低，丁二酮肟分光光度法选择性较好，标准方法 YS/T502—2006[3]采用王水溶解，应用该法测定了钨铼合金样品中的低量铼。

史谊峰等[4]将样品加入过氧化钠和水过滤后，加入硝基酚和盐酸，再加入柠檬酸溶液和盐酸溶液，丁二酮肟乙醇溶液和氯化亚锡溶液进行显色测定，建立了丁二酮肟分光光度法测定了富铼渣中铼的方法。实验表明铼的质量浓度在（100～600μg）/100mL 范围内与其吸光度符合朗伯-比尔定律，方法检出限为 11.3μg/mL。

丁二酮肟光度法存在着络合物稳定性差，显色需要长时间等缺点。

4.1.2 紫外分光光度法

Custers 测量了不同浓度的高铼酸钾（$KReO_4$）水溶液在 3134Å 和 2210Å 之间的吸收光谱[5]。结果显示，在 3150Å 吸收峰增强，2290Å 有一个强吸收峰，2390Å 几乎没有吸收。与 MnO_4^- 的吸收光谱的比较表明，ReO_4^- 的吸收光谱强烈地转移到较短的波长。MnO_4^- 在 5465Å 和 5265Å 处显示出两个强带，并且出现了几个弱带。MnO_4^- 位于 5660Å 处的最大值应对应于 ReO_4^- 位于 2390Å 处的最大值，而 5465Å 处的 MnO_4^- 带对应于 2290Å 处的 MnO_4^- 带。ReO_4^- 应该在相邻的紫外区域中显示出第二个强带。对于两种盐，吸收强度具有相同的数量级。对于 $KMnO_4$，在 5465A 时发现消光系数约为 2400，而 $KReO_4$ 在 2290A 时消光系数约为 3600。

Mullen 等研究了高锰酸盐、高锝酸盐和高铼酸盐在真空下的紫外光谱[6]。经过一系列的真空紫外光谱研究发现，MnO_4^- 189μm 处的新频带和 TcO_4^-、ReO_4^- 强烈频带的消失，是由于电感 M.O.和六卤化络合物引起的。振荡器强度 P 高于 0.1 的第一高锰酸盐带证实了一致的频带分配。

周恺等[7]利用紫外分光光度法测定了高含量铼样品中的铼。他们研究了过氧化氢溶解和氢氧化钠碱熔对钨铼、钼铼合金样品的不同前处理过程，确定了铼的最佳测试条件，测定了钨铼、钼铼合金及高铼酸铵中的铼，相对标准偏差（n=9）均小于 1.04%。该方法反应速度快、准确度高，钼、钨、铵根等各类离子均不干扰铼的测定，可用于各类高铼样品中铼的测定。

喻铟谷[8]用紫外光度测定了合金中铼的含量，结果表明在（0～500μg）/25mL 范围内符合朗伯-比尔定律，表观摩尔吸光系数 $\varepsilon_{300nm}=7.5\times10^3$。

牟婉君等[9]用紫外分光光度法在 pH=6.86 的混合磷酸盐溶液中，以聚乙二醇 2000 与硫酸铵作双水相萃取铼，通过结晶紫显色测定了铼的含量。

4.1.3 碱性染料法

碱性染料法利用高铼酸根与碱性染料阳离子形成离子缔合物，用萃取比色法测量铼含量，常用的碱性染料有罗丹明类、结晶紫、亚甲基蓝、孔雀绿、亮绿等。

王玉静等[10]选用乙基紫作显色剂，在$(NH_4)_2SO_4$和酒石酸存在下、pH =2.2～3.6 的Na_2HPO_4-柠檬酸缓冲体系中和ReO_4^-形成蓝绿色缔合物，以苯作萃取剂，在λ=610nm 处测定，铼质量在 0～12μg 范围内符合郎伯-比尔定律，可应用于电吸尘铜烟灰中铼的分析测定。

邓桂春等[11]提出了在 pH=6.8 的柠檬酸-磷酸氢二钠缓冲介质中，聚乙烯醇存在条件下，乙基紫与高铼酸根可形成在水相中具有良好分散性的离子缔合物，不仅解决了乙基紫与高铼酸根缔合物水溶性差的问题，还提高了显色反应的灵敏度。结果表明显色反应的最大吸收波长是 647nm，采用摩尔比、等摩尔连续变化和平衡移动法测定了该粒子缔合物乙基紫与高铼酸根的组成比为 1∶1，此方法具有较高的灵敏度，简便、不用苯萃取，可操作性强，为痕量铼的分析提供了方便。

滕洪辉等[12]研究了在ReO_4^-与碱性染料形成的离子缔合物不用苯等有机溶剂萃取，通过加入表面活性剂形成ReO_4^--乙基紫-聚乙烯醇三元胶束增溶增敏体系，在水相直接显色测定的新方法。该方法用于烟道灰等样品中痕量铼的测定，RSD 为 3.25%～3.34%，加标回收率为 99.1%～100.6%。

许生杰等[13]用苯作萃取剂，对品红、结晶紫、乙基紫、罗丹明 B，罗丹明 6G，丁基罗丹明 B 等染料进行了对比，结果表明品红和罗丹明 B 不能用作铼的试剂。罗丹明 6G，由于灵敏度和选择性较差，故不宜采用。结晶紫则较前者为优。乙基紫的灵敏度最高，允许的萃取酸度范围也比较宽，在添加掩蔽剂的条件下，可允许有较大量的钼或钨共存，已成功地用于钼精矿中微量铼的测定。丁基罗丹明 B 的灵敏度也较高，也能允许有更大量的钼和少量钨共存，酸度允许范围最宽，且还能在强酸性介质中进行萃取。结果还表明，在憎水性缔合物-非极性溶剂萃取体系中，碱性染料中的亲水基团、取代氨基及其分子结构，对所形成的缔合物的稳定性和可萃取性均有明显的影响。

Fogg 等选用亮绿作为萃取剂，利用分光光度法测定铼和黄金，着重考察了试剂的纯度和酸度对测量结果精密度和准确度的影响[14]。在 pH=6 时，提取了铼-亮绿离子缔合物溶液，实验结果表明这个化合物并不受试剂纯度的影响。从 0.5mol/L

盐酸溶液中提取四氯亮绿（III）离子缔合物，得到了一种低回收率的不纯物。Fogg对酸性溶剂中亮绿萃取的试验进行了规范：第一，在加入亮绿之后应该尽可能快速地进行萃取以保证实验的效果更佳；第二，所用到的样品一定要保证干燥和高纯度。

Burns等[15]用分光光度法来测定铼（0～40μg），结果发现在640nm处可被确定为高铼酸盐。在pH=6.0下，用亮绿在固相苯中溶解，并用微晶二苯甲酮吸附提取，可以得到pH不同和离子不同都会对其产生影响的结论，同时还发现该体系适用于在氧化铝上和在碳上的催化剂的铼的测定。将0～40μg的七价铼溶解于10mL的苯中，做线性标准曲线，标准偏差为0.6%。结果表明：该方法对于铼催化材料的测定值具有较宽的额定范围，且更加高效便捷。

刘长松等[16]选用2-二异丙胺基-3-甲基-5-（4-二甲氨基偶氮苯）-1、3、4-噻二唑（TDAA-I）作显色剂与ReO_4^-反应，形成蓝色离子缔合物，应用混合溶剂环己烷-甲基异丁基酮作萃取剂分光光度法测定铼，研究了37种元素或离子对本法的干扰情况，该方法的灵敏度较高，稳定性和重视性较好，操作较简便。

Senise等在含Cu（II）、叠氮化物和过量2, 2'联吡啶的水溶液中用甲基异丁基酮定量提取高铼酸盐，通过分光光度法或原子吸收光谱法测定萃合物中的铜（萃合物对应的分子式为$CuN_3(bipy)_2ReO_4$），间接测定了溶液中的铼含量[17]。在这两种方法中，高铼酸盐的测定范围分别为16～40μg/mL和3～16μg/mL。该方法具有高的选择性，高铼酸盐的反应行为和氯盐极其相似，萃合物分子式$CuN_3(bipy)_2ReO_4$类似于高氯酸盐化合物。因此，此方法在含有大量钼酸盐和杂质离子时同样适用。

Burns等[18]用4-甲基-2-戊酮盐酸氨氯吡咪提取高铼酸盐后，用分光光度计在362nm处、pH=4时确定高铼酸盐中的铼。对7个10μg的高铼酸盐样品检测的相对标准偏差为1.5%。同时也研究了不同pH以及其他干扰离子对测定结果的影响。结果发现，只有高氯酸盐，高碘酸和碘对其有干预作用。该方法对催化剂中的铼的测定结果较好，而且这个方法比之前测定氯化物中七价铼的方法更高效便捷。

4.1.4 催化动力学光度法

催化动力学光度法主要用于微量和痕量铼的分析，该法灵敏度高，但其选择性较差、干扰多，需进行较为彻底的分离。

蒋克旭等[19]在表面活性剂聚乙烯醇存在下，确立了在柠檬酸-碲酸钠-高铼酸钾-二氯化锡介质中，采用催化动力学光度法测定铼的最佳实验条件，可用于钼矿样品中铼的测定。

邓桂春等[20]发现在硫酸（0.6mol/L）-柠檬酸（0.0025mol/L）介质中，水浴 50 ℃下加热 20min，铼（Ⅶ）能显著提高碲酸钠氧化二氯化锡的反应速率，据此采用催化动力学光度法对钼冶炼烟尘吸收液中铼的质量浓度进行测定，铼的质量浓度在 50～1200μg/L 范围内与吸光度呈线性关系。

王毅梦等[21]利用硫酸介质中，铼催化溴酸钠氧化铬黑 T 的褪色反应，建立了测定铼的光度分析新方法。确定了催化体系的动力学条件，在优化试验条件下，铼的质量浓度在 0～10.02mg/L 范围内与相对吸光度呈良好的线性关系，检出限为 2.7675mg/L。该方法所用仪器简单，操作简便。

党楠等[22]在硫酸介质中，铼（VII）可以催化 $NaBrO_3$ 氧化铬蓝黑 R 的褪色反应，据此建立了测定铼（VII）的催化动力学光度分析的新方法。确定了催化体系的动力学条件，并计算了催化反应的表观活化能 E_a=44.82kJ/mol，反应速率常数 K=1.35×10^{-3}/s。在最佳实验条件下，铼（VII）的质量浓度在 0.2～12.0mg/L 范围内与吸光度变化值呈良好的线性关系，检出限为 0.1mg/L。

郎庆勇等[23]在 H_2SO_4 介质中，以 α-糠偶酸二肟为试剂，在有诱导剂 HNO_3 的存在下，利用溶液中的痕量铼催化硫酸羟胺氧化二苯胺的反应，据此建立起催化动力学双波长测定痕量铼的高灵敏显色反应的新方法。

4.2　吸收光谱法

Jordanov 等[24]提出了在纯度为 99.99%～99.999%的高铼酸铵中测定 As、Bi、Ca、Cd、Co、Cu、Cr、Fe、In、K、Mg、Mn、Mo、Na、Ni、Pb、Se、Si、Sb、Sn、Te、Tl、V 和 Zn 痕量元素的方法。在水溶液样品中直接测定 Na、K、Ca、Mg 和 Si，其余的成分（除了金属 Mo）在两个不同的 pH（8～9 和 5～6）条件下，经初步萃取分离它们的二硫代氨基甲酸盐配合物后，可以被确定。而 Mo 可以用 α-苯偶姻肟将其从基质中分离萃取出来。根据相应的微量元素的浓度，选用火焰原子吸收光谱（flame atomic absorption spectrometry，FAAS）或者电热原子吸收光谱（electrothermal atomic absorption spectrometry，ETAAS）进行浓度分析。检测杂质含量为 1μg/mL 和 0.2μg/mL 的样品回收率。

Wrighton 等合成了配合物 $XRe(CO)_3L_2$（X = CI，Br；L = 反-3-苯乙烯基吡啶，反-4-苯乙烯基吡啶），并通过电子吸收光谱对其进行了表征[25]。电子吸收光谱研究表明，最低激发态是一个配体内的激发态。苯乙烯基吡啶复合物辐射跃迁的最低吸收带（313nm 或 366nm），呈现反式-顺式异构化的配位体状态，其量子效率范围为 0.49～0.64，且在静止状态下，顺式结构含量不少于 84%。三重态敏化作用得到的苯乙烯基吡啶复合物的静止状态和量子效率与自由配体状态时接近。配位的苯乙烯基吡啶发生了微弱的光取代效应（Φ<0.01），且苯乙烯基吡啶在 56℃的热效应为 $XRe(CO)_3L_2$ 配合物的光助活性提供了途径。

Striplin 等用吸收和发光光谱法在刚性玻璃中，对三种配合物 $Re(I)Cl(CO)_3$(s-phen)（s-phen 为 4, 7-二甲基-1, 10-邻菲罗啉，5, 6-二甲基-1, 10-邻菲罗啉和 3, 4, 7, 8-四甲基-1, 10-邻菲罗啉）的电子态进行了表征[26]。甲基取代导致由 Frank-Condon（FC）势垒分隔的 3MLCT 和 3PP*产生复合磷光带。实验证实了在单重态与三重流形态中均存在 FC 势垒。不同轨道激发态之间的小能隙是观测不同电子结构间缓慢无辐射跃迁的必要条件。

Balasubramanian 等[27]利用 X 射线吸收光谱（X-ray absorption spectroscopy，XAS）研究了高铼酸盐阴离子与 0.1 mol/L NH_4ReO_4 溶液、聚乙烯基二茂铁（(poly (vinylferrocene)，PVFc）和改良的 PVFc（30%叔丁基乙酰基二茂铁和 70%叔丁基二乙烯基二茂铁）的电化学结合。将聚合物从其二氯乙烷溶液中沉积到碳布集电器上。在 0.9 V（相对于 Ag/AgCl）下，用原位 XAS K 边缘检测还原聚合物中的 Fe。在 0.9 V 下聚合物氧化后，利用非原位 XAS L_3 边缘检测铼。XAS 既可以被用于湿电极也可被用于干电极，将氧化电极在水中洗涤以除去电极孔中溶解的高铼酸盐。XAS 表明在 0.9V 时，一部分铁从二茂铁氧化到二茂铁盐，Fe-C 间的结合距离从 2.05Å 增加到 2.08Å。X 射线吸收近边光谱（X-ray absorption near edge structure，XANES）和扩展的 X 射线吸收精细结构（extended X-ray fine structure，EXAFS）结果一致，聚合物中大于 75%的二茂铁在 0.9V 的电位下被氧化。Fe K 边缘的 EXAFS 中未显示 Fe 与 ReO_4^- 的相互作用关系。Re L_3 边缘的 XANES 中显示了 ReO_4^- 与聚合物有微弱的相互作用。

4.3 中子活化分析法

中子活化分析法的灵敏度和选择性高、准确性好、污染少，适用于测定地质样品中的痕量铼，检出限低于等离子质谱法，但其所使用的仪器设备昂贵，并且中子源通常为反应堆、加速器或放射核素，核辐射会危害人体，使得该法难以普及应用。

周长祥等[28]通过泡沫塑料预富集中子活化测定铜矿中的铼，全流程对铼的吸附率大于 97%，对铼的富集倍数为 1×10^4，铼的检出限为 10ng/g。

汪小琳等[29]报道了用苯并 15-冠-5（B15C5）的硝基苯溶液从 KOH 分解岩石试样溶液中萃取并测定铼的方法。实验结果表明：冠醚的选择性萃取可较好地应用于地质标样中铼的放化分离中子活化分析，也可应用于其他复杂体系中痕量 Re 的分离分析。

4.4　X 射线荧光光谱法

X 射线荧光光谱法具有分析快、范围广及适合多元素同时测定等特点，不受样品形式和元素化学状态的限制，可以实现无损分析。现已普遍应用于矿样的现场测试，以及合金、植物等中铼的测定。分析准确性的关键取决于样品是否均匀、与标样是否一致及基体效应，故制样、校正等成为 X 射线荧光光谱法研究的重点问题。

包生祥等[30]用 X 射线荧光光谱法测定行波管用钨铼合金中高含量铼，考察了测定铼时存在的基体效应、谱线重叠和背景干扰的影响。理论和实验结果均表明：直接用 Re Lα 分析线强度绘制的校正曲线比二元比例法获得更好的线性，测定结果准确。

Kolpakova 等[31]用铼的 Lα1 和 Lβ2 作为分析线，建立了 X 射线荧光光谱法测定金矿石中铼的测定方法。将高铼酸盐离子在活性炭上进行吸附预浓缩，考察了溶液的 pH，吸附剂暴露在溶液中的时间，紫外线照射，以及溶液中钨、金、银、铜等伴生元素含量对吸附性能的影响。实验结果表明，X 射线荧光光谱法同样适用于不同组成的矿石中铼的测定。

X 射线荧光光谱法作为一种铼的快速准确测定方法，关键在于需要采用与待测样品相似的标样制定测试工作曲线。Mladenov 等[32]研究建立了 X 射线荧光光谱法测定钼精矿中铼的二级标样，已用于实际生产检测中。

4.5　电化学分析法

电化学分析法是仪器分析的重要组成部分之一。分析铼的方法主要集中在不同体系的示波极谱法、络合吸附波极谱法、催化极谱法、伏安法等。

李纹浪[33]采用单扫描示波极谱法在硫酸-硫酸钠-二苯胍-聚乙烯醇体系中测定了矿石中的微量铼。使用单扫描示波极谱仪阴极化导数部分，铼在−0.78V（银片为参比电极）能产生波形清晰、重现性好的极谱催化波。在 0.001～1μg/mL 范围内铼的浓度与波高呈良好的线性关系。该方法的检出限是 0.015μg/g。此方法简便、灵敏、稳定性好，适宜于矿石中微量铼的测定。

李永梅[34]采用单扫描示波极谱法测定铜烟道灰中的铼。在 $HClO_4$（浓度为 2mol/L）-H_3PO_4（浓度为 1.5 mol/L）-NaH_2PO_4（浓度为 0.02mol/L）体系中，微量铼在电位−0.40V 下产生一个灵敏的极谱波峰，铼质量浓度在 1.51×10^{-3}～1.08×10^{-5}mol/L 范围内与峰电流线性关系良好，检出限为 1.08×10^{-5}mol/L。

Chopabaeva 等[35]利用示波极谱法测定了天然高分子材料木质素中吸附的高铼酸根含量。

曾纪林等[36]用示波极谱法在硫酸-硫酸羟胺-氧化碲（TeO_4^{2-}）体系中，用差示波极谱法实现了铼的痕量检测。该体系也适用于辉钼矿中铼含量的测定，铼的检出限可达 4μg/kg。

田建平等[37]采用 2.5 次微分催化极谱法，在硫酸-硫酸羟胺-硫酸钠-抗坏血酸-碲（IV）混合滴液中，在国产 JP_3-1 型极谱仪上，于起始电位−0.700V，测定矿石中微量铼。铼质量浓度在 0～15μg/25mL 可保持线性关系，且灵敏度高、重现性好，完全满足钼矿、辉钼矿及其他矿物中微量铼的测定。

宋如晟等[38]利用高铼酸根对碲酸还原产生催化极谱波，采用 H_2SO_4-Na_2SO_4-Te 底液催化极谱法，在 JP-2D 极谱仪上测定辉钼矿痕量铼，铼浓度在 0.0005～1.0μg/mL 范围内与波高呈线形关系，可用来测定矿石中 0.00005%～0.01%的铼。

杨银川[39]对铼-吡咯啶二硫代氨基甲酸铵络合物在不同支持电解质中的极谱行为进行了探讨，发现在 4mol/L 盐酸介质中，在−0.7V 处有一灵敏的催化波，可测至 0.2μg/mL 铼。在 pH=5～6 的微酸性溶液中，用 8-羟基喹啉-氯仿萃取钼和钨，可与铼分离。

Rulfs 等[40]在 4mol/L 高氯酸和 2mol/L 氯化钾溶液中，通过极谱法和库仑法研究了高铼酸盐离子的还原。上述还原反应是不可逆的，即使在较高的还原电位下反应活性仍旧很差。在氯化钾溶液过程中，高氯酸的还原更趋近电子扩散控制过程。且其电化学反应过程相当复杂，在某些情况下还会释放氢气。在氯化镧和其他介质中，铼可以被还原为铼（IV）。

差示脉冲伏安法已被用于监测石油化工催化溶液中的 10^{-6} 量级的铼。在该方法的基础上，Gopalakrishnan 等研究了高铼酸盐还原碲的催化效果[41]。铼浓度在 20～100ng/mL 范围内，对潜在共存元素的干扰进行了探讨。该方法的精确度和准确度是通过分光光度法和回收实验的比较测试得出的。该方法适用于石油化工催化剂中铼和铂的含量测定，相对标准偏差<2%。在没有经过认证的样品的情况下，该方法的准确性已经从恢复实验中显示出来（96%～108%），与分光光度法得到的结果没有明显的偏差。

在高铼酸铵硫酸溶液中，采用循环伏安法，用铼氧化物改性氧化铟锡（ITO）的聚邻苯二胺薄膜，并研究了改性复合材料的电化学和光谱性质。结果表明，所有组成部分均可进行可逆的氧化还原转换。将聚邻苯二胺（poly-o-phenylenediamine，PPD）循环膜电位置于 1mol/L 的硫酸和高铼酸铵溶液中进行循环电位扫描，可实现膜的改性，这表明了 PPD 循环膜电位可以促进氧化还原的转化，且转化方向是正反应方向，这种改性是由铼化合物积累导致的[42]。

Pipes 等[43]发现 *trans*-$[(py)_4Re^{V}(O)_2]^+$水溶液在玻碳电极上的循环伏安曲线表明 Re(VI)(d^1)可以氧化为 Re(II)(d^5)，在 *trans*-$[(CN)_4Re^{V}(O)_2]^{3-}$和反式-$[(en)_4Re^{V}(O)_2]^+$观察到类似的行为。在 0≤pH≤14 下吡啶复合物还原为 Re(II)，并产生氢气，在 pH = 1.2 时，k_{obsd}（室温, μ=0.1M）=2.4（±1.5）$\times10^{-3}s^{-1}$。在 pH 为 6.8 或 13.0 时，添加 NO_2^-或 SO_3^{2-} 抑制了水的减少，但会加剧 NO_2^-、NH_3、N_2O、SO_3^{2-}、H_2S、HS^-的电催化还原。对铼-吡啶基以及与结构和电子相关的 *trans*- $[(bpy)_2Os^{VI}(O)_2]^+$进行比较，发现它们表现出的配对模式和 pH 相关性在很大程度上是由组分的 d-电子构型决定的。电子等价的 Re 和 Os 间的氧化还原电位幅值的差异主要由两种配型氧化态的差异决定。

Lingane[44]采用极谱技术在汞电极上研究高铼酸盐离子的还原，发现了一种基于 Re^{-1}-Re^{+1} 对的析氢催化作用的机理。用 2～4mol/L 的盐酸或高氯酸作为支持电解质，在滴液电极上，高铼酸盐离子降低至+4 态。在 4mol/L 高氯酸中，扩散电流与高铼酸根离子的浓度成正比。相对于饱和甘汞电极，在 4mol/L 高氯酸中，半波电位为−0.4V，在 2mol/L 盐酸中为−0.45V，在 4.2mol/L 盐酸中，为−0.31V。在中性无缓冲氯化钾溶液中，产生双波，其中第一部分（$E_{1/2}$ = −1.41V）对应于高铼酸根还原为 Re^-，第二部分在−1.7V，对应于氢的催化析出。在 pH = 7 的磷酸盐缓冲液中，高铼离子在−1.6V 产生催化波。

其他电化学分析法如库仑滴定法、离子选择电极法应用得不多。

钼酸铅、钨酸铅和铅的溶解度分别为 $1.2\pm0.3\times10^{-13}$、$8.4\pm0.1\times10^{-11}$ 和 $6.9\pm0.8\times10^{-9}$，$PbReO_4^+$和 $Pb(ReO_4)_2$ 形成的常数分别为 $1.2\pm0.1\times10^5$ 和 $1.2\pm0.2\times10^3$。在钼酸盐、高铼酸盐和氟化物混合物的滴定过程中，得到的沉淀物通过红外光谱法已被证明是钼酸铅、高铼酸盐、氟化物和氢氧化物的物理混合物。随着 VI 族金属离子的原子序数或电负性的增加，铬酸盐、钼酸盐和钨酸盐的铅盐的溶解度显示出线性增加[45]。

高铼酸盐溶液在三氟乙酸或乙磺酸中阴极还原成不溶性氧化物沉积物。在高铼酸盐存在下，高氯酸在阴极发生催化还原[46]。在铼的存在下，汞阴极被去极化，随后在三氟乙酸和盐酸中析氢。研究了在盐酸中制备纯 Re（IV）和 Re（V）溶液的条件。Re（V）可在盐酸中定量氧化成高铼酸盐，而 Re（IV）则不能。

4.6 发射光谱分析法

电感耦合等离子体原子发射光谱（inductively coupled plasma atomic emission spectrometry，ICP-AES）法是现代分析化学领域中不可缺少的分析技术，具有操作简单、灵敏度和稳定度高、精密度好、检出限低、基体效应和第三元素干扰小等优异的分析性能，被广泛应用于土壤、冶金、地质、水质样品等中痕量和常量元素的精密分析及基础研究中。

李延超等[47]采用 ICP-AES 法测定加压氧化钼精矿浸出液中铼的含量，检出限为 0.05～30μg/mL，RSD 小于 2.0%。

Manshilin 等[48]应用 ICP-AES 法测定了废催化剂中的铼、铂等元素，此法可测定样品含量为 2mg/g 的铼。

冯艳秋等[49]用 Re227.525nm 作为分析谱线，对单晶高温合金的铼进行了测定，此方法可测定铼元素含量范围为 1%～7%的合金。

张永中等[50]利用 ICP-AES 建立了快速测定铜冶炼废酸液中铼的方法，此方法铼的检出限为 0.6μg /L，但受硫酸的影响，废酸液中硫酸的浓度不能高于 2%。

赵庆令等[51]建立了 ICP-AES 测定钼矿石和铜矿石中铼的测定方法，用氧化镁-硝酸钠混合熔剂，样品经 650℃烧结，烧结物经含过氧化氢的沸水浸取，冷却后过滤，以 Re197.321nm 为最佳分析谱线对铼进行测试，此方法的检出限为 0.014μg/L。

张磊等[52]使用 ICP-AES 标准加入法，对钼精矿及烟道灰样品中铼的测定进行了研究，此方法的相对标准偏差均小于 3.7%。

ICP-AES 法可同时测定多种元素，且有较宽的动态线性范围，具有其他分析方法无法取代的优势，但灵敏度低于等离子体-质谱元素分析技术，且不能用于同位素的测定。

4.7　等离子体-质谱法

等离子体-质谱（inductively coupled plasma mass spectrometry，ICP-MS）法综合了等离子体极高的离子化能力和质谱高分辨、高灵敏度及连续测定多元素的优点，是目前最灵敏的元素分析手段。ICP-MS 可使铼有效电离成为阳离子，样品制备简单、测定速度快，铼检出限低至 1×10^{-12}～1×10^{-10}g/mL，在铼的测定中越来越受到重视。ICP-MS 常与其他技术联用以提高测定的准确度，如激光剥蚀电感耦合等离子体质谱法（laser ablation-inductively coupled plasma mass spectrometry，LA-ICP-MS）、多接收等离子体质谱法（multi-collector inductively coupled plasma mass spectrometry，MC-ICP-MS）等，广泛应用于地质样品中铼同位素、水样和标准样品中痕迹量铼的测定[53]。

邢智等[54]通过 HF 和 HNO_3 溶解样品，应用阴离子交换树脂对溶液中的铼进行静态振荡吸附，用 50%的 HNO_3 溶液解脱，采用同位素稀释等离子体质谱法测定，检出限达到 4×10^{-12}g/g。

Malinovsky 等[55]采用 LA-ICP-MS 原位测定了辉钼矿中的 Re 和 Os，但因为辉钼矿中 Re 与 ^{187}Os 存在失耦现象，该法在实际应用中受到一定限制。

储著银等[56]采用新型 IsoProbe-T 热电离质谱计测定了锇含量及其同位素组成、采用 Neptune 多接收器等离子体质谱仪（MC-ICP-MS）测定了铼含量。基于所建立的化学分离流程和高精度质谱测量方法，可测定铂族元素橄榄岩标样 WPR-1 中铼、锇含量和锇同位素组成，测定结果与文献报道值在误差范围内吻合。

张然等[57]通过混合熔剂半熔法处理样品，采用 ICP-MS 法测定了地质样品中铼的含量，实验结果表明此方法相对简单，检出限低，仪器短期精密度（稳定性）好，线性范围宽，采用脉冲检测方式，线性范围可达 0.05～100ng/mL，线性相关系数为 0.9999，上述数据表明 ICP-MS 方法非常适合地质样品中铼的分析检测。

Tagami 等[58]发现 TEVA 树脂表现出对铼化合物的高选择性，该树脂可以消除其他共存元素的干扰，且用适量硝酸溶液做洗涤剂，可以有效提高铼的浓度。树脂吸附铼简化了在 ICP-MS 检测时铼的分离，利用 ICP-MS 可简单快速检测树脂中铼的含量。

Ketterer[59]用电感耦合等离子体质谱分析法测定了溶解固体的含量高达4000mg/L 的地下水样品中的铼。用等量氢离子在商业化的阳离子交换膜进行阳离子交换，铼以高铼酸盐阴离子的形式存在于交换膜上，并且可直接用电感耦合等离子体质谱仪进行测定。这种方式能够有效解决基体样品进样难的问题，可直接测定水中的铼，检测限可达 0.03μg/L。钠、镁、铝、钾和钙离子的去除率高达 100%，高铼酸盐的去除率也可到达 100%。

Colodner 等[60]用同位素稀释电感耦合等离子体质谱法（isotope dilution inductively coupled plasma mass spectrometry，ID-ICP-MS）对在天然水和沉积物中的 Re、Ir 和 Pt 进行了探究。该技术已用于测定沉积物中的三种元素、海水中的 Pt，以及海水、沉积物孔隙水和河水中的铼。将 Ir 和 Pt 以及高铼酸根离子（ReO_4^-）的氯络合物进行阴离子交换，完成元素的预浓缩，同时分离在氩等离子体中产生的副产物，排除同位素的干扰。通过同位素稀释技术可有效降低对回收效率的影响，三种元素的总回收率为 90%±10%。

Meisel 等[61]介绍了一种用同位素稀释法测定铷、铑、钯、铼、锇、铱和铂浓度的简单且高选择性的分析方法，这种方法适用于地质调查和环保材料。样品制备包括与浓硝酸和盐酸在高压灰化器（high pressure asher，HPA-S）中硝化，干燥后的样品溶液的浓度通过喷射 OsO_4 到 ICP-MS 上的方法来确定。在干燥并重新溶解剩余溶液后，在简单的阳离子交换柱中将其他 PGE 与其基质在线分离，所述阳离子交换柱与四极杆 ICP-MS 偶联。通过这种技术，可检测样品中的同位素，进而分析导致同位素干扰的元素。可以通过同位素比计算两种或多种同位素元素的浓度，而通过峰面积计算 Rh。

参考文献

[1] 金珊, 吕娟, 谢莉. 分光光度法测定铂-铼催化剂中铼含量[J]. 分析实验室, 1999, 18(6): 42-44.

[2] 周煜, 谭艳山, 朱利亚, 等. 硫脲光度法测定粗铼酸钾中铼时钼干扰的消除[J]. 冶金分析, 2013, 33(9): 57-60.

[3] 南京电子管厂. 钨铼合金丁二酮肟光度法: YS/T520—2006[S]. 北京: 中国标准出版社, 2006.

[4] 史谊峰, 郑文英, 房勇, 等. 丁二酮肟分光光度法测定富铼渣中铼[J]. 冶金分析, 2015, 35(12): 68-72.

[5] Custers J F H. The ultraviolet absorption spectrum of potassium perrhenate[J]. Physica, 1937, 4(6): 426-429.

[6] Mullen P, Schwochau K. Vacuo ultraviolet spectra of permanganate, pertechnetate and perrhenate[J]. Chemical Physics Letters, 1969, 3(1): 49-51.

[7] 周恺, 孙宝莲, 李波, 等. 高含量铼的紫外分光光度法测定研究[J]. 中国无机分析化学, 2011, 1(3): 46-49.

[8] 喻钿谷. 合金中铼的紫外光度测定[J]. 冶金分析, 1996, 16(5): 43-44.

[9] 牟婉君, 刘国平, 李兴亮, 等. 聚乙二醇双水相萃取光度法测定铼[J]. 化学研究与应用, 2012, 24(9): 1402-1404.

[10] 王玉静, 窦艳梅, 张娜, 等. 稀有元素铼的光度分析[J]. 沈阳师范大学学报(自然科学版), 2004, 22(1): 42-45.

[11] 邓桂春, 滕洪辉, 张渝阳, 等. 聚乙烯醇存在下高铼酸根与乙基紫光度法测定钼样中痕量铼[J]. 冶金分析, 2006, 26(5): 27-29.

[12] 滕洪辉, 周晓光, 邓桂春. 胶束增敏水相光度法测定铼(VII)的研究[J]. 吉林师范大学学报(自然科学版), 2007(4): 52-54.

[13] 许生杰, 关淑娴. 铼的碱性染料显色剂的比较研究[J]. 化学试剂, 1982, 4(3): 146-148.

[14] Fogg A G, Burgess C, Burns D T. A critical study of brilliant green as a spectrophotometric reagent: the determination of perrhenate and gold[J]. The Analyst, 1970, 95(1137): 1012-1017.

[15] Burns D T, Tungkananuruk N. Spectrophotometric determination of rhenium as perrhenate after extraction of its brilliant green ion-pair with microcrystalline benzophenone[J]. Analytica Chimica Acta, 1988, 204(1-2): 359-363.

[16] 刘长松, 李文友, 凌凤香. TDAA-I 萃取分光光度法测定岩石矿物中的痕量汞[J]. 山西大学学报(自然科学版), 1988(2): 44-48.

[17] Senise P, Silva L G. A new analytical reaction for the determination of perrhenate[J]. Analytica Chimica Acta, 1975, 80(2): 319-326.

[18] Burns D T, El-Shahawi M S, Kerrigan M J, et al. Spectrophotometric determination of rhenium as perrhenate by extraction with amiloride hydrochloride[J]. Analytica Chimica Acta, 1996, 322(1-2): 107-109.

[19] 蒋克旭, 邓桂春, 赵丽艳, 等. 催化动力学光度法测定钼样品中痕量铼[J]. 分析化学, 2009, 37(2): 312.

[20] 邓桂春, 吕改芳, 鞠政楠, 等. 催化动力学分光光度法测定钼冶炼烟尘吸收液中铼[J]. 理化检验: 化学分册, 2012, 48(10): 1137-1139.

[21] 王毅梦, 樊雪梅. 铬黑 T-溴酸钠催动动力学分光光度法测定铼[J]. 分析仪器, 2015(3): 38-40.

[22] 党楠, 马高峰. 催化动力学光度法测定痕量 Re(VII)[J]. 分析科学学报, 2015, 31(4): 583-585.

[23] 郎庆勇, 李连仲. 非离子表面活性剂存在下痕量铼的瑞利光测定[J]. 岩矿测试, 1987(4): 257-263.

[24] Jordanov N, Havezov I, Bozhkov O. Atomic absorption determination of traces of elements in ammonium perrhenate of high purity[J]. Fresenius' Zeitschrift für Analytische Chemie, 1989, 335(8): 910-913.

[25] Wrighton M S, Morse D L, Pdungsap L. Intraligand lowest excited states in tricarbonylhalobis(styrylpyridine) rhenium(I)complexes[J]. Journal of the American Chemical Society, 1975, 97(8): 2073-2079.

[26] Striplin D R, Crosby G A. Photophysical investigations of rhenium(I)Cl$(CO)_3$(phenanthroline)complexes[J]. Coordination Chemistry Reviews, 2001, 211(1): 163-175.

[27] Balasubramanian M, Giacomini M T, Lee H S, et al. X-ray absorption studies of poly(vinylferrocene)polymers for anion separation[J]. Journal of The Electrochemical Society, 2002, 149(9): 137-142.

[28] 周长祥, 王卿, 姜怀坤, 等. 泡沫塑料预富集中子活化测定铜矿中的铼[J]. 分析化学, 2005, 33(5): 657-659.

[29] 汪小琳, 刘亦农, 傅依备, 等. 岩石中痕量铼的中子活化分析[J]. 核技术, 1988, 21(1): 31-34.

[30] 包生祥, 王守绪, 马丽丽, 等. 行波管用钨铼合金中高含量铼的 X 射线荧光光谱测定[J]. 光谱学与光谱分析, 2005, 25(3): 460-461.

[31] Kolpakova N A, Buinovskii A S, Melnikova I A. Determination of rhenium in gold-containing ores by X-ray fluorescence spectrometry[J]. Journal of Analytical Chemistry, 2009, 64(2): 144-148.

[32] Mladenov M, Jordanov J. Preparation of secondary standards for X-ray fluorescence analysis in production of molybdenum concentrate[J]. Journal of the University of Chemical Technology and Metallurgy, 2012, 47(1): 103-108.

[33] 李绞浪. 单扫描示波极谱法测定矿石中微量铼[J]. 国土资源, 1993(3): 282-288.

[34] 李永梅. 稀散元素铼(VII)的示波极谱分析法研究[J]. 河北能源职业技术学院学报, 2004(1): 95-96.

[35] Chopabaeva N N, Ergozhin E E, Tasmagambet A T, et al. Sorption of perrhenate anions by lignin anion exchangers[J]. Solid Fuel Chemistry, 2009, 43(2): 99-102.

[36] 曾纪林. 痕量铼的差示脉冲极谱测定[J]. 分析化学, 1987, 7(6): 25-27.

[37] 田建平, 戈润涛, 华磊. 催化极谱法测定矿石中微量铼方法改进[J]. 云南地质, 2011, 30(2): 204-207.

[38] 宋如晟, 钟鸣, 涂建球. 安徽省金寨县沙坪沟钼矿中贵重分散元素铼的分析[J]. 安徽地质, 2011, 21(1): 32-34.

[39] 杨银川. 矿石中微量铼的示波极谱测定[J]. 理化检验: 化学分册, 1983, 19(5): 32-33.

[40] Rulfs C L, Elving P J. Polarographic and coulometric reduction of perrhenate[J]. Journal of the American Chemical Society, 1951, 73(7): 3284-3286.

[41] Gopalakrishnan K, Koshy V J. Differential pulse voltammetric estimation of rhenium in catalysts and process solutions[J]. Electroanalysis, 1998, 10(1): 54-57.

[42] Pisarevskaya E Y, Ovsyannikova E V, Sedova S S, et al. Electrochemical and spectroelectrochemical properties of poly-o-phenylenediamine: the effect of the perrhenate anion[J]. Russian Journal of Electrochemistry, 2005, 41(11): 1231-1236.

[43] Pipes D W, Meyer T J. Electrochemistry of trans-dioxo complexes of rhenium(V)in water[J]. Inorganic Chemistry, 1986, 25(18): 3256-3262.

[44] Lingane J J. Polarographic investigation of rhenium compounds. I. reduction of perrhenate ion at the dropping mercury electrode[J]. Journal of the American Chemical Society, 1942, 64(4): 1001-1007.

[45] Chao E E, Cheng K L. The solubility products of some slightly soluble lead salts and the potentiometric titration of molybdate, tungstate, perrhenate and fluoride with use of a lead ion-selective electrode[J]. Talanta, 1977, 24(4): 247-250.

[46] Hindman J C, Wehner P. Electrolytic reduction of perrhenate. I. studies in perchloric, ethanesulfonic, trifluoroacetic and hydrochloric acids[J]. Journal of the American Chemical Society, 1953, 75(12): 2869-2872.

[47] 李延超, 李来平, 周恺, 等. 加压氧化钼精矿浸出液中铼的测定[J]. 分析实验室, 2014, 33(9): 1030 -1033.

[48] Manshilin V, Vinokourov E, Kapelyushny S. Determination of Pt, Pd, Rh in the samples of spent catalyst by atomic emission spectrometry with inductively coupled plasma[J]. Methods and Objects of Chemical Analysis, 2009, 4(1): 97-100.

[49] 冯艳秋, 白文娟. ICP-AES 法测定单晶高温合金中铼元素的分析方法研究[J]. 现代科学仪器, 2009, 5(10): 97-100.

[50] 张永中, 杨则恒, 戚月花, 等. ICP-AES 法快速测定铜冶炼废酸中铼、钼、硒含量的研究[J]. 安徽化工, 2011, 37(3): 72-74.

[51] 赵庆令, 李清彩. 电感耦合等离子体发射光谱法测定钼矿石和铜矿石中的铼[J]. 岩矿测试, 2009, 28(6): 593-594.

[52] 张磊, 李波, 孙宝莲, 等. 电感耦合等离子体原子发射光谱标准加入法测定钼精矿及烟道灰中的铼[J]. 分析化

学, 2011, 39(8): 1291-1292.

[53] Tagami K, Uchida S. Rhenium contents in Japanese river waters measured by isotope dilution ICP-MS and the relationship of Re with some chemical components[J]. Journal of Nuclear Science and Technology, 2008, 45(6): 128-132.

[54] 邢智, 漆亮. 阴离子交换树脂分离同位素稀释等离子体质谱法快速测定地质样品中的铼[J]. 分析实验室, 2014, 33(10): 1229-1232.

[55] Malinovsky D, Rodushkin I, Axelsson M D, et al. Determination of rhenium and osmium concentrations in molybdenite using laser ablation double focusing sector field ICP-MS[J]. Journal of Geochemical Exploration, 2004, 81(1-3): 71-79.

[56] 储著银, 陈福坤, 王伟, 等. 微量地质样品铼锇含量及其同位素组成的高精度测定[J]. 岩矿测试, 2007, 26(6): 431-434.

[57] 张然, 王学田. ICP-MS 法测定地质样品中铼含量[J]. 江西化工, 2011(1): 125-128.

[58] Tagami K, Uchida S. Separation of rhenium by an extraction chromatographic resin for determination by inductively coupled plasma-mass spectrometry[J]. Analytica Chimica Acta, 2000, 405(1-2): 227-229.

[59] Ketterer M E. Determination of rhenium in groundwater by inductively coupled plasma mass spectrometry with on-line cation exchange membrane sample cleanup[J]. Analytical Chemistry, 1990, 62(23): 2522-2526.

[60] Colodner D C, Boyle E A, Edmond J M. Determination of rhenium and platinum in natural waters and sediments, and iridium in sediments by flow injection isotope dilution inductively coupled plasma mass spectrometry[J]. Analytical Chemistry, 1993, 65(10): 1419-1425.

[61] Meisel T, Fellner N, Moser J. A simple procedure for the determination of platinum group elements and rhenium (Ru, Rh, Pd, Re, Os, Ir and Pt)using ID-ICP-MS with an inexpensive on-line matrix separation in geological and environmental materials[J]. Journal of Analytical Atomic Spectrometry, 2003, 18(7): 720-726.

第 5 章　铼化合物的应用

5.1　铼化合物催化反应

5.1.1　碳氢活化反应

Kuninobu 等[1]于 2005 年首次报道了以一价铼配合物$[ReBr(CO)_3(thf)]_2$催化 C—H 键活化的工作。他们以$[ReBr(CO)_3(thf)]_2$催化芳香族醛亚胺与炔烃的 C—H 活化反应，最终得到茚衍生物。期间反应经历了两个步骤，分别为分子间加成和分子内碳氢活化加成关环反应，如图 5-1 所示，这项工作成为首例通过碳氢活化机制来合成茚衍生物的报道。

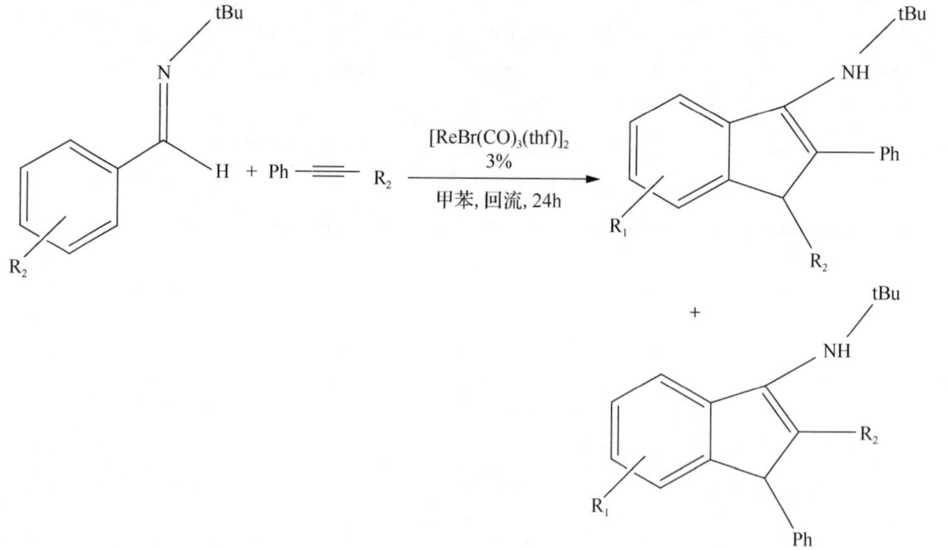

图 5-1　茚衍生物的生成

Kuninobu 等[2-4]随后又报道了以$[ReBr(CO)_3(thf)]_2$催化亚胺与不同的不饱和双键之间发生的加成关环反应，得到相应的关环产物，图 5-2 是羰基和不饱和双键的加成关环反应。

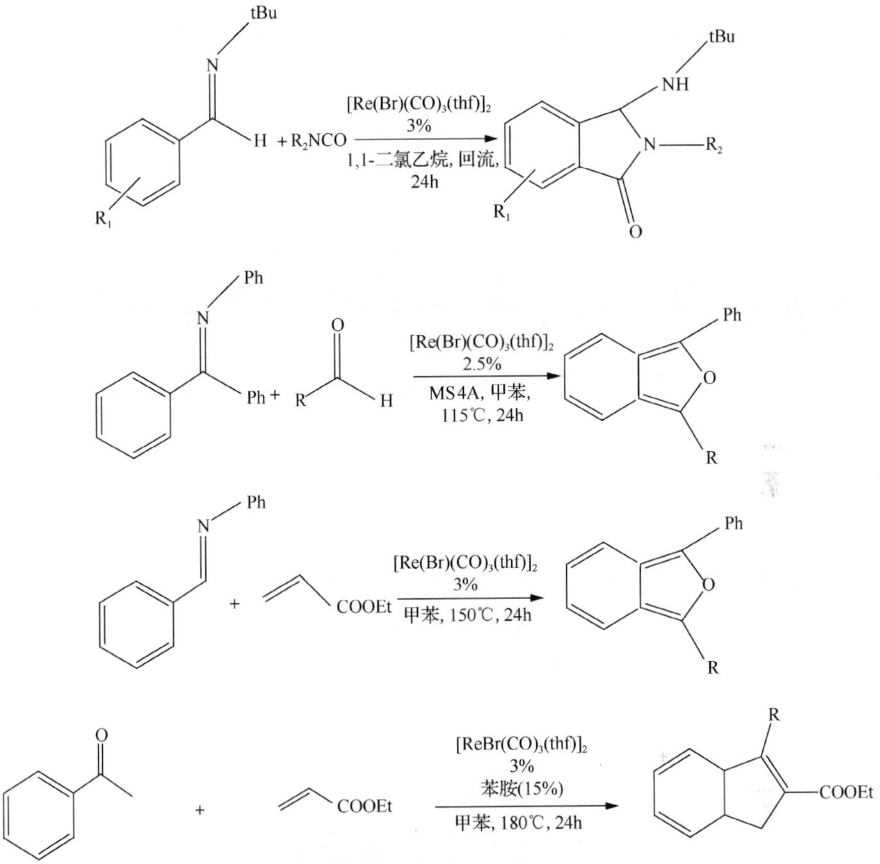

图 5-2　羰基和不饱和双键的反应

此外，Kuninobu 等还报道了以$[ReBr(CO)_3(thf)]_2$为催化剂，以末端炔烃对 1,3-二羰基化合物的活性亚甲基进行C—H的插入反应。当底物为环己酮二羧酸酯等环状 1,3-二羰基化合物时，只需要改变反应溶剂，就能得到环增大的产物，插入反应转变为扩环反应，这是合成很多大环化合物的有效手段之一。同时，$[ReBr(CO)_3(thf)]_2$也能有效催化端炔烃对活性亚甲基的插入反应，生成相应的烯基衍生物或大环化合物[5,6]。

2008 年，Kuninobu 等[7]以 $Re_2(CO)_{10}$ 为催化剂和试剂，将芳香酮亚胺和 α，β-不饱和羰基化合物在二甲苯，在 150℃中反应 72h，可生成茂基铼配合物，形成一种有效的串联合成茂基化合物的方法（图 5-3）。

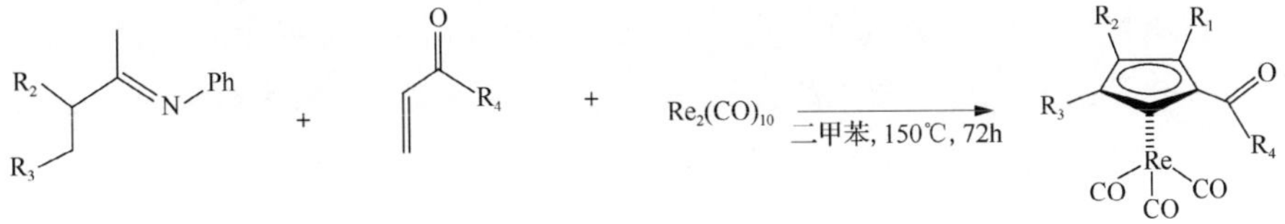

图 5-3　茂基化合物的合成

$Re_2(CO)_{10}$ 也能有效地催化端炔烃对活性亚甲基的插入反应，该体系还可以催化炔烃对环酰胺的插入反应（图 5-4）[8]。

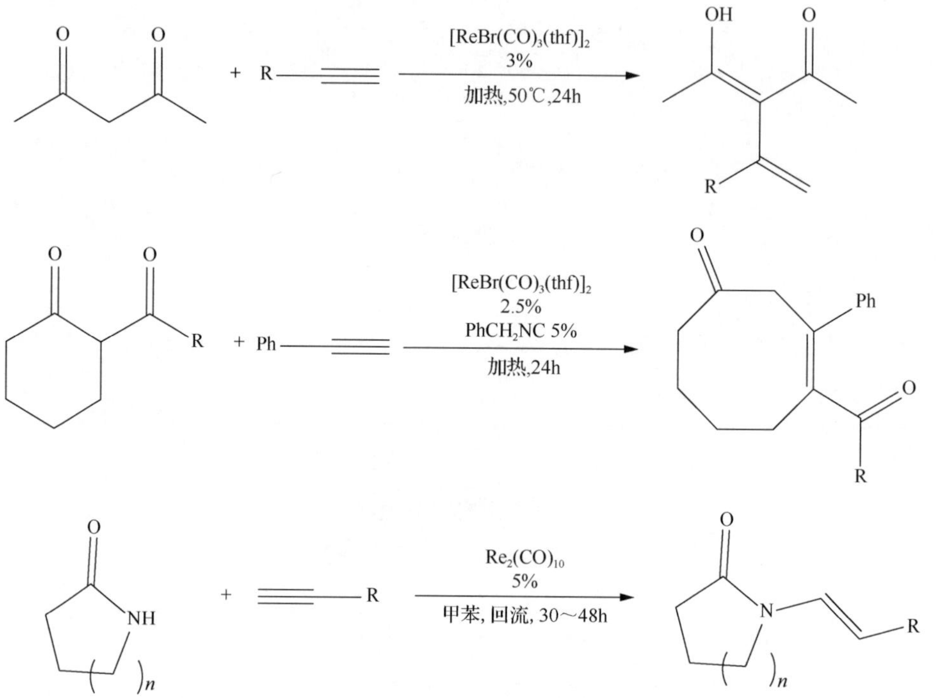

图 5-4　$Re_2(CO)_{10}$ 的催化反应

Kuninobu 等[9]报道了一例含铼催化剂通过 C—H 活化合成芳香甲酸的三聚物-二氢茚酮的反应。该反应以 $ReBr(CO)_5$ 为催化剂，$PhNHCOCH_3$ 为助催化剂，在 180℃下，于甲苯溶剂中反应 24h，最终得到芳香甲酸的三聚物-二氢茚酮，反应的产率在 77%～98%。此催化剂不仅具有良好的催化效率，而且还加速了反应的速率。Kuninobu 等并对反应的机理进行了详细的探讨与总结，提出了含铼催化剂通过 C—H 活化合成芳香甲酸的三聚物-二氢茚酮的机理（图 5-5）：①由醛和酰胺形成 R-羟基酰胺；②R-羟基酰胺的 C—H 氧化加成与铼中心键合（C—H 活化，R-羟基酰胺部分作为导向基团）；③插入另一种醛形成的铼-碳键；④消除酰胺；⑤分子内亲核环化；⑥还原消除和消除 H_2O 生成异苯并呋喃衍生物和铼催化剂；⑦异苯并呋喃的亲核加成衍生成第三醛；⑧分子内亲核醇盐对羰基碳原子的攻击；⑨中间体缩醛的开环反应；⑩形成二酮；⑪铼催化分子内醛醇反应和脱水生成茚酮衍生物。这个反应的有趣之处在于单一的配合物催化了许多反应步骤。

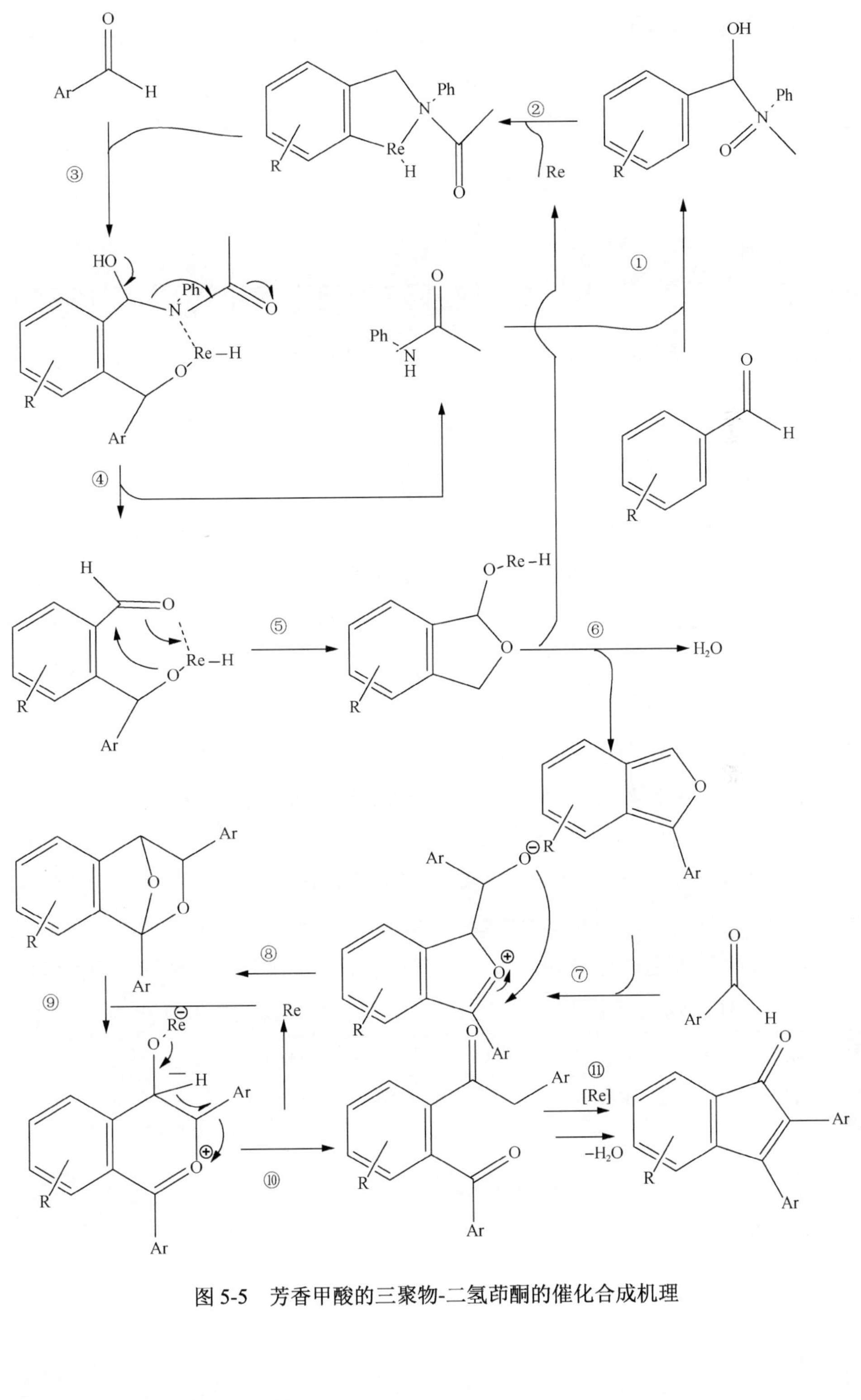

图 5-5　芳香甲酸的三聚物-二氢茚酮的催化合成机理

2013 年，Sueki 等[10]又报道了以亚胺酸甲酯的 sp^2C—H 与异氰酸酯的加成环化反应。该反应利用 $Re_2(CO)_{10}$ 为催化剂，合成了 3-亚胺基吲哚酮的结构。此外，他们还把此策略应用到高分子的合成中，制备了不同聚合量的高分子，扩展了此反应的应用范围（图 5-6）。

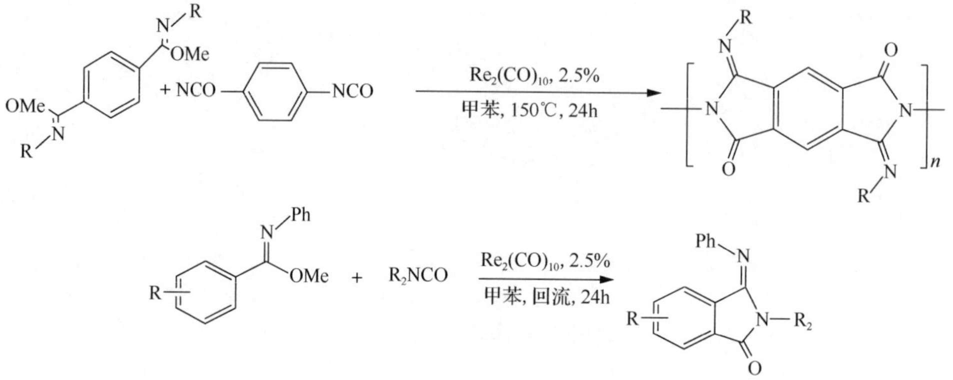

图 5-6　3-亚胺基异吲哚酮的合成

2013 年，Tang 等[11]用 $ReBr(CO)_5$ 和苯基格式试剂双金属催化剂，报道了苯甲酰胺与炔的关环反应，制备了 3,4-dihydroisoquinolin-1(2H)-one 衍生物（图 5-7）。

铼氢化物配合物具有独特的性质，在腈存在下，是活化羰基化合物 α-C-H 的优异催化剂。羰基化合物的化学和立体选择性加成到腈中得到酮胺，是有机合成的有用中间体，利用该原理，可以构建在中性条件下非常有用的绿色 Blaise 反应。Takaya 等[12]发现七氢化铼配合物 $ReH_7(PPh_3)_2$ 在所检测的催化剂中是优异的催化剂。在 $ReH_7(PPh_3)_2$（5%）条件下，羰基化合物与腈的反应选择性地得到相应的(Z)-酮胺，而不形成衍生自羰基化合物或腈的自缩合产物。2-茚满酮与氰基乙酸乙酯的反应证明了铼催化剂 $ReH_7(PPh_3)_2$ 在腈存在下对羰基化合物的 C—H 活化的独特性质。在 $ReH_7(PPh_3)_2$ 存在下，酮的 C—H 活化发生，得到(Z)-2-氨基-2-(2'-二亚茚基)丙酸乙酯(2d)（59%）；而在 $IrH(CO)(PPh_3)_3$ 催化剂存在下，发生腈的 C—H 活化，得到(Z)-3-氨基-2-氰基-2-戊二酮二乙酸酯（79%），如图 5-8 所示。

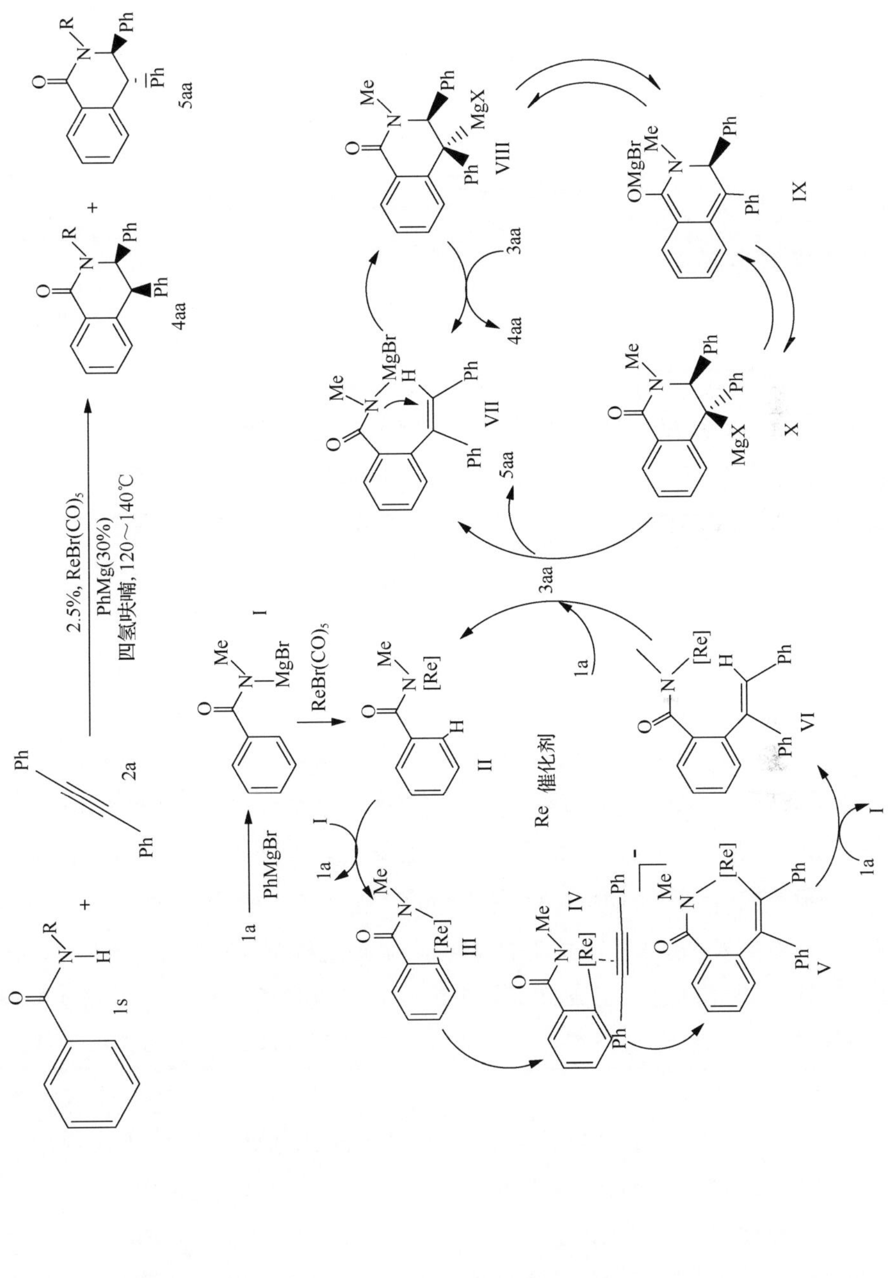

图 5-7　3,4-dihydroisoquinolin-1(2H)-one 衍生物的合成

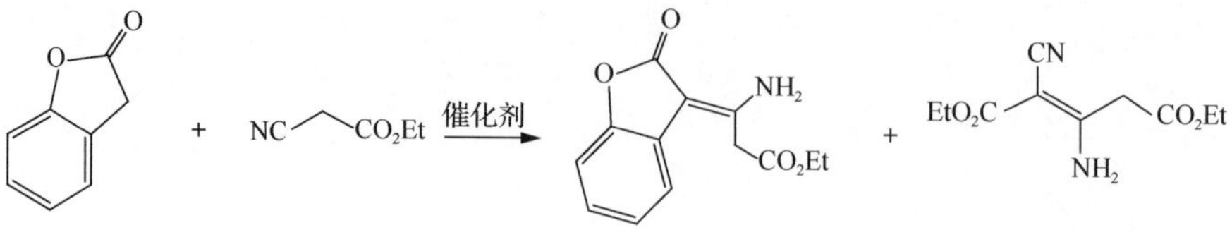

2d　　10

催化剂=	2d		10
$ReH_7(PPh_3)_2(1)$	100(59%)	:	0
$IrH((CO)PPh_3)_3$	0	:	100

图 5-8　（Z）-3-氨基-2-氰基-2-戊二酮二乙酸酯的催化合成机理

5.1.2　硅氢还原反应

2002 年，加州大学的 Toste 课题组研究了含铼的双氧配合物选择性的催化还原反应，首次报道了铼催化剂催化醛酮的氢化硅烷化反应[13]。在 2%（对醛）～5%（对酮），$ReO_2I(PPh_3)_2$ 作催化剂，甲苯溶液中反应，可将 Me_2PhSiH 与不同的醛酮底物发生氢化硅烷化反应，得到相应的硅醚产物。此催化剂不仅拥有良好的催化效率，而且还加快了反应的速率，大大缩减了反应的时间（图 5-9）。

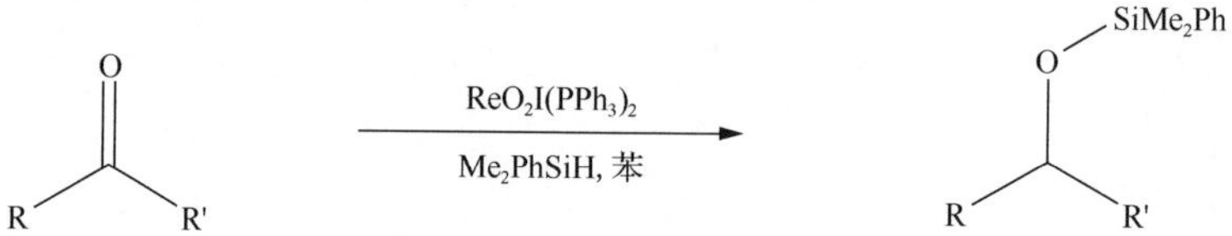

$ReO_2I(PPh_3)_2$

Me_2PhSiH, 苯

图 5-9　氢化硅烷化反应

Toste 课题组[14]随后又对反应的催化机理进行了深入研究。硅醚先将催化剂 1 中的一个铼氧双键加成还原形成化合物 2，随后醛酮与化合物 2 中的 PPh_3 基团发生配体交换反应，得到中间体 3，3 中的羰基氧与铼配位伴随着分子内氢发生迁移，同时三苯基磷离去，形成有空轨道的中间态 4，通过硅烷迁移生成硅醚产物，PPh_3 基团又重新回到空轨道，完成整个催化循环。在循环的过程中化合物 2 的形成是最关键的一步，后期分离得到化合物 2，并以此为催化剂也能实现催化循环（图 5-10）。

Kristine 等[15]研究了一价铼的羰基配合物催化亚胺不对称还原反应。以 $ReOCl_3(OPPh_3)(SMe_2)$的配合物为催化剂，在室温下，以 CH_2Cl_2 为溶剂，可催化 Me_2PhSiH 还原亚胺，光学选择性的还原产率达 51%～89%。特别值得注意的是不饱和的亚胺不对称还原成丙烯基氧膦基胺类，并且还可以进一步转换。实验提供了一个采用铼配合物进行催化过程的事例：一个手性的含氧金属催化剂常常被用于不对称氧化反应。这种方法阐述了它在选择性转换方面的潜在应用。Kristine 等着重研究了这种催化剂的发展和应用，为以后的广泛应用奠定了良好的基础。

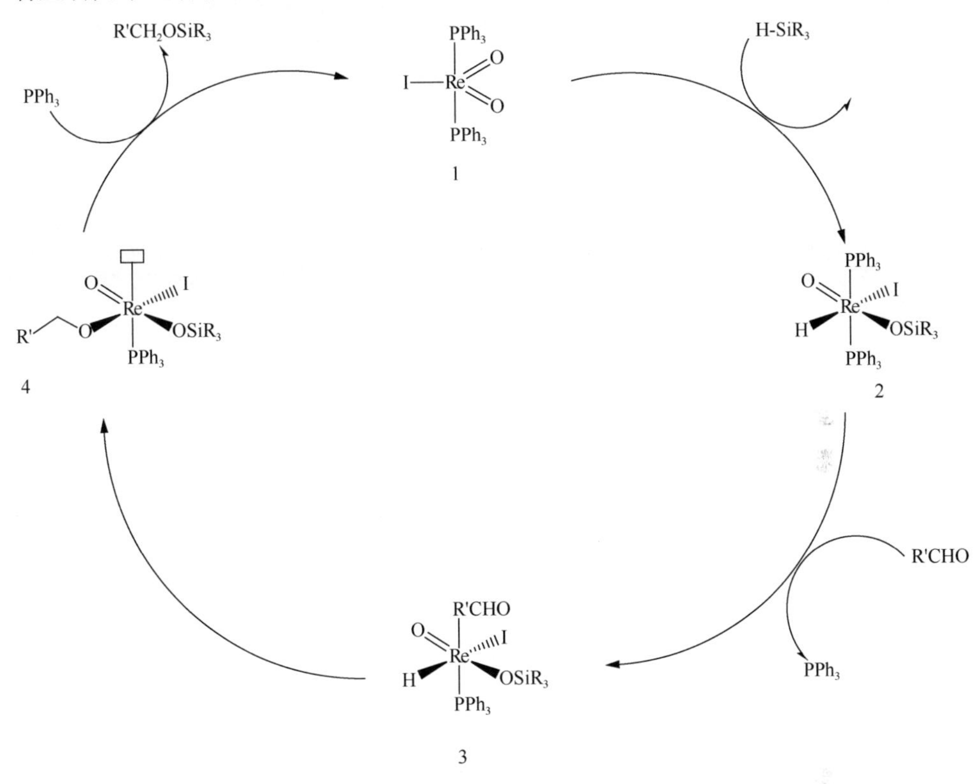

图 5-10　醛酮氢化硅烷化的循环催化机理图

2009 年，Jiang 等[16]以 1%～4%的$[ReBr_2(L)(NO)(PR_3)_2]$($L=H_2$(1),CH_3CN(2), ethylene(3), $R={}^iPr$(a)和 cyclohexyl(b)为催化剂，以一种高选择性的方式制备了烯烃的硅烷加成产物（图 5-11）。产物仅仅取决于烯烃的取代基。机理研究结果表明两种 Re(I)氢化物参与了催化过程的引发阶段。催化循环的决速步是配合物中的三烷基膦解离，然后还原消除得到烷基成分。同时还表明铼体系具备活化 C—H 和 Si—H 键的能力。

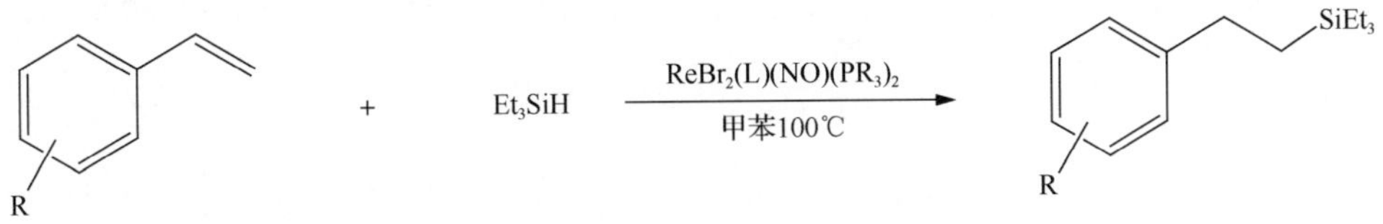

R + Et_3SiH —$ReBr_2(L)(NO)(PR_3)_2$, 甲苯100℃→ R, $SiEt_3$

图 5-11　催化反应式

Noronha 等[17]报道了 $ReIO_2(PPh_3)_2$ 为催化剂，Me_2PhSiH 为还原试剂，在甲苯回流中还原芳香硝基化合物，得到相应芳香胺。Noronha 等[18]还研究了 $ReIO_2(PPh_3)_2/Me_2PhSiH$ 还原体系对芳香烯烃的还原反应，在 45℃无溶剂条件下，可得到相应芳烃。此外，Sousa 等[19]还以 Ph_3SiH 为还原体系，物质的量分数为 1%的 $ReIO_2(PPh_3)_2$ 在室温 THF 中催化亚砜还原，得到硫醚产物（图 5-12）。

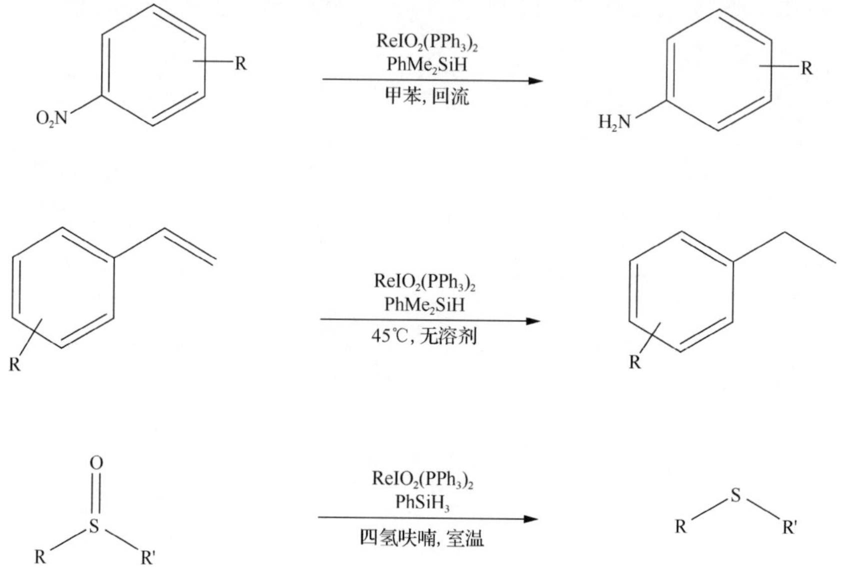

图 5-12　催化剂 $ReIO_2(PPh_3)_2$ 的催化反应式

5.1.3　环化反应

2008 年，Kuninobu 等[20]以物质的量分数为 2.5%的$[ReBr(CO)_3(thf)]_2$为催化剂，催化 1 分子的 β-酮酯与 2 分子的炔烃的环化反应。在含有的 MS4Å 的 180℃甲苯溶液中，催化 1,3-二羰基化合物与炔烃的环化反应，反应 24h 后得到中间产物环内酯，此时向反应体系加入不同种类的炔烃，再在 150℃的甲苯中反应 24h，最终得到带有不同取代基的环化芳烃产物。铼催化剂通过 C—C 断裂合成不同取代基的芳香族化合物的原理已探究清晰，铼催化剂的卓越催化性能也得到了证实(图 5-13)。

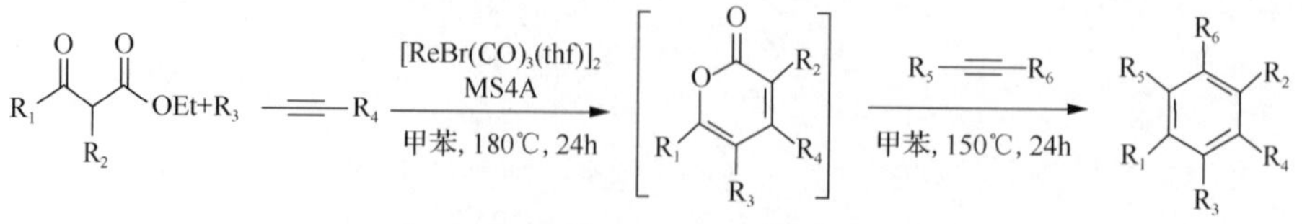

图 5-13　催化剂$[ReBr(CO)_3(thf)]_2$的催化反应式

随后 Kuninobu 等改善了反应条件，同样以物质的量分数为 2.5%的 $[ReBr(CO)_3(thf)]_2$ 为催化剂，在含有 MS4Å 的甲苯溶液中反应 24h，但是反应温度比之前报道的要温和，降低到 80℃，在此条件下可以催化 1, 3-二羰基化合物和炔烃投料比为 1∶1 的环化反应，得到相应的取代芳基化合物[21]。此催化剂不仅具有良好的催化效率，而且还加速了反应的速率。Kuninobu 等对含铼和锰的催化剂催化 1, 3-二羰基化合物和炔烃合成芳香族化合物的机理进行了详细的讨论，如图 5-14 所示，(1)在铼催化剂催化下，*β*-酮酯和炔烃之间反应形成中间体（在该步骤中，β-酮酯和炔烃取向具有区域选择性）；(2,3)形成了中间体后，通过(2-a 和 3-a)碳-碳键裂解生成 *δ*-酮酯，然后还原消除或(2-b 和 3-b)具有不同还原时间的途径；(4)*δ*-酮酯烯烃部分的异构化和环化产生 2-吡喃酮；(5)2-吡喃酮与二炔烃之间的 Diels-Alder 反应；(6)脱羧。

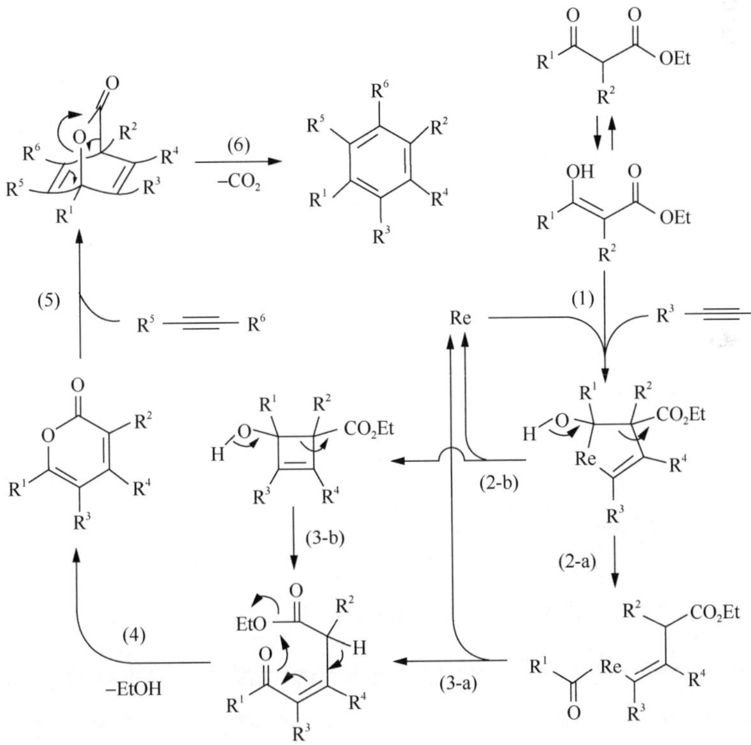

图 5-14　1, 3-二羰基化合物和炔烃合成芳香族化合物的催化机理

Huo 等[22]合成了空位的多金属氧酸盐负载离子液体铼羰基衍生物催化剂 $[(CH_3)_4N]_5H_{23}[(PW_{11}O_{39})\{Re(CO)_3\}_3(\mu_3\text{-}O)(\mu_2\text{-}OH)]_4\cdot 24H_2O$。在温和的实验条件下，

此催化剂与助催化剂溴化吡咯烷鎓可以促进二氧化碳和环氧化合物合成环状碳酸酯。这个催化系统可以重复使用 10 次，产率略有下降，表明此催化剂具有良好的循环性能。基于实验结果并通过 DFT 计算前线轨道，得出了催化机理如图 5-15 所示，环氧化物首先通过配位激活 Re3 中心，然后通过 Br 的亲核攻击环氧化物开环，随后亲核醇盐中间体和具有亲电子性 CO_2 相互作用形成环状碳酸酯。在这种机制中路易斯酸性中心（Re3）和亲核试剂（Br）具有相同的重要性，极好的协同效应促进该反应。

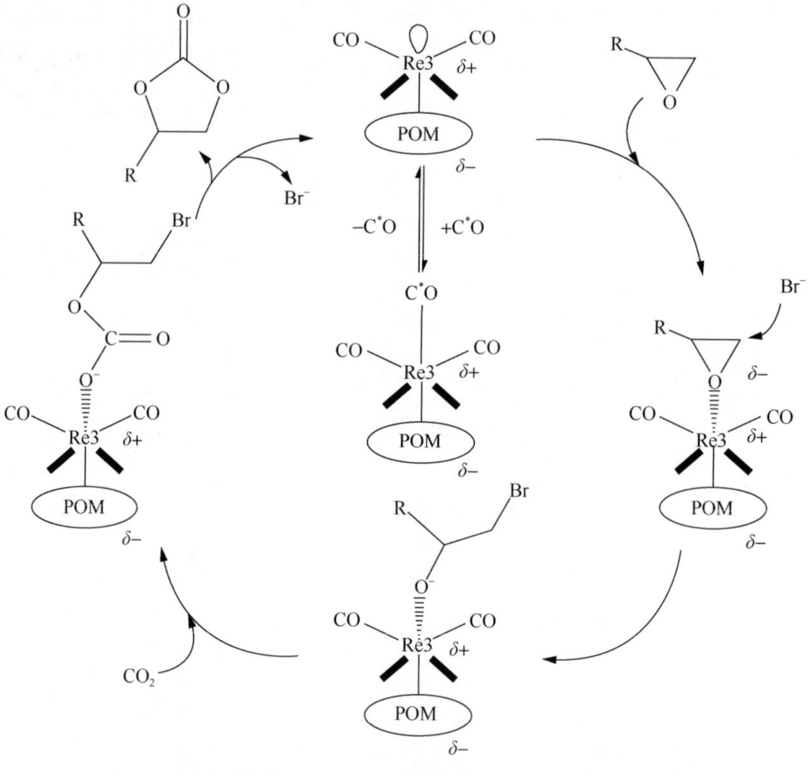

图 5-15　二氧化碳和环氧化合物合成环状碳酸酯的催化反应机理

在铼催化剂的作用下，用不同烯烃处理 β-丙酮磷酸酯生成不同的 2H-1,2 杂环氧化物。这一反应通过两种连贯的程序进行：通过断裂 β 酮和磷酸酯之间的空间立体 C—C，接着将得到的 δ 型膦 α,β 不饱和酮得到的 H-1,2 杂环氧化物。霍纳尔-沃兹沃斯-埃蒙斯试剂证实在中性条件下非极性不饱和化合物增加。铼催化剂在实验中表现出卓越的催化效果。Murai 等[23]对铼催化剂催化 β-丙酮磷酸酯与烯烃反应生成 2H-1,2 杂环氧化物的机理进行了深入研究，具体机理如图 5-16 所示，7 通

过 β-酮膦酸酯 1 的区域选择性氧化环加成引发转化，2 炔烃与铼催化剂生成环戊烯中间体 A，还原性消除铼络合物 A 得到环丁烯中间体 B（路径 A）。随后碳-碳键裂解质子化后的反应得到 δ-膦酰基-α,β-不饱和酮 3，形成环丁烯中间体 B 的另一种途径，β-酮膦酸酯 1 区域选择性亲核加成到末端炔烃 2 上，然后进行分子内环化（路径 B）。得到的 δ-膦酰基-α,β-不饱和酮 3 进一步转化为 2H-1,2-氧杂磷杂环己烷 2-氧化物 4 环化后消除乙醇。此外，催化量的铼配合物促进了这个环化步骤。

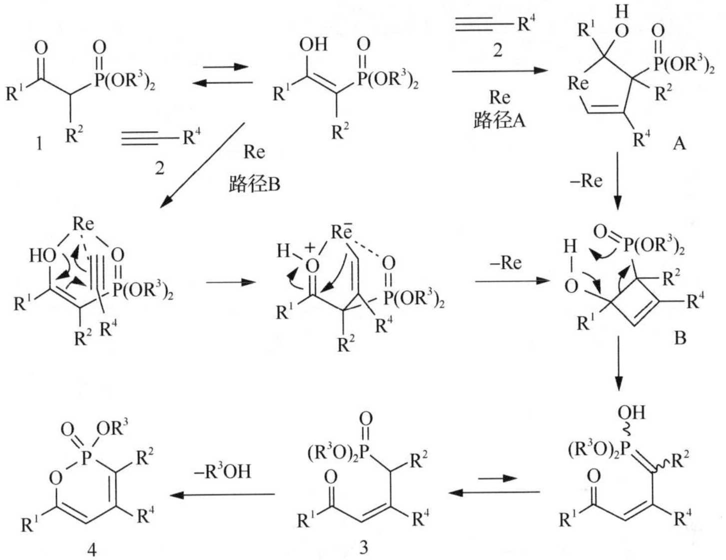

图 5-16　β-丙酮磷酸酯与烯烃反应生成 2H-1,2 杂环氧化物的催化机理

Saito 等[24]在铼化合物催化环化反应方面取得了一定的成果，他们以物质的量分数为 10%的 $ReBr(CO)_5$ 作催化剂，反应需加入 1 当量的 $NaHCO_3$，反应在溶剂甲苯中进行，可将自身带有烯醇硅醚基团和炔烃基团的化合物发生分子内环化，得到酚硅醚产物。含铼催化剂具有良好的催化效率，大大缩短了反应时间。含铼催化剂催化取代苯酚环化的研究具有重要意义，为自身带有烯醇硅醚基团和炔烃基团的化合物发生分子内环化开辟了崭新方向，为以后的研究奠下了坚实的理论基础。

Hiroyuki 等阐述了 1,2 邻位的炔烃功能化可以通过各种有机金属试剂的碳水金属化作用随时进行，有机金属试剂有铜、铝、锆等[25]。其次是生成具有亲电试剂的烯基金属产品。且 Hiroyuki 等着重探讨了铼催化的炔烃分子内偕功能化过程：

ω-二烯醇甲硅烷基醚的串联环化反应的过程。铼催化的炔烃分子内借碳水化合物功能化过程选用了九种不同的反应物，每种反应具有良好的催化效率。此催化剂不仅具有良好的催化效率，而且还加速了反应速率。催化反应过程如图 5-17 所示，用合适的金属试剂处理炔二烯硅烷基醚 1，烯醇甲硅烷基醚环化成亲电子激活 η^2-炔烃配合物 A，通过 5-endo 亲核产生两性离子中间体 B。产生的链烯基金属部分在分子内发生分子内攻击 α,β-不饱和甲硅烷基鎓金属中心的 β 位置，产生双环不稳定的卡宾配合物 C，最后，不稳定的卡宾配合物该部分将经历典型的卡宾反应，例如 1,2-氢迁移，生成可再生反应性金属的产品。

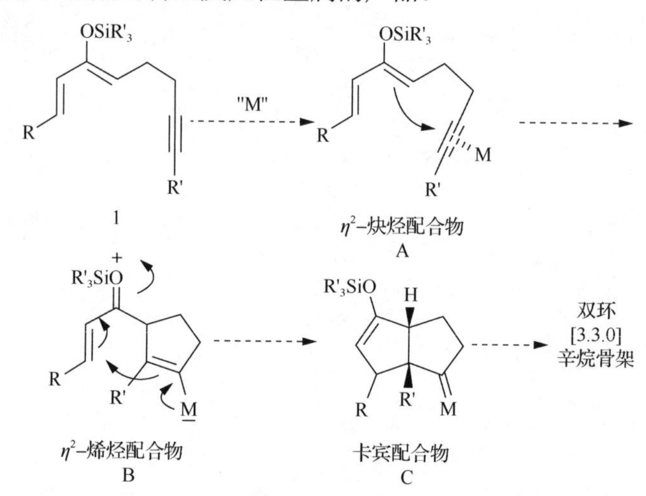

图 5-17　炔烃分子内借碳水化合物功能化的催化机理

基于炔烃的双生碳官能化概念，Kusama 等[26]报道了 W(0)和 Re(I)催化的炔二烯醇硅醚反应。在光照条件下，催化量的[$W(CO)_6$]或[$ReCl(CO)_5$]对炔烃进行催化，高产率地合成了双环[3.3.0]辛烷衍生物，尤其是 Re(I)表现出极高的催化活性，该反应可以将底物扩展到含有氮原子的底物中。双环[3.3.0]辛烷衍生物 9 和单环二氢吡咯 10 可以通过含有氮取代基的底物与 Re(I)催化剂的结合获得。含有金（I）和铼（I）的催化剂可以选择性合成 5-外环化合物，而[$W(CO)_6$]可催化得到 6-内环化产物。

5.1.4　Friedel-Crafts 反应

铼具有 Lewis 酸性，能够催化芳基化合物的 Friedel-Crafts 烷基化和酰基化。Kusama 等[27]最先报道了 $ReBr(CO)_5$ 催化芳烃酰基化，效果不错。随后 Nishiyama 等[28]也报道了催化剂铼化合物 $ReBr(CO)_5$、$ReCl(CO)_5$ 和 $CpRe(CO)_3$ 在温和条件下催化芳烃的烷基化（图 5-18）。

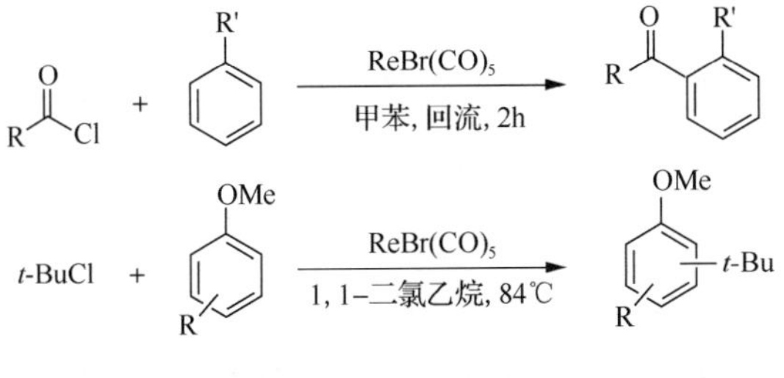

图 5-18 催化剂 $ReBr(CO)_5$ 的催化反应式

2009 年，Kuninobu 等[29]以 $Re_2(CO)_{10}$ 作催化剂，催化直链端烯烃与苯酚反应，150℃，24h，当苯酚对位为甲基或卤素原子时，苯酚邻位可高产率地发生 Friedel-Crafts 烷基化反应，得到邻位取代的苯酚。当使用二酚做反应物时，可以得到单取代和多取代苯酚的混合物，产率在 50%~84%（图 5-19）。

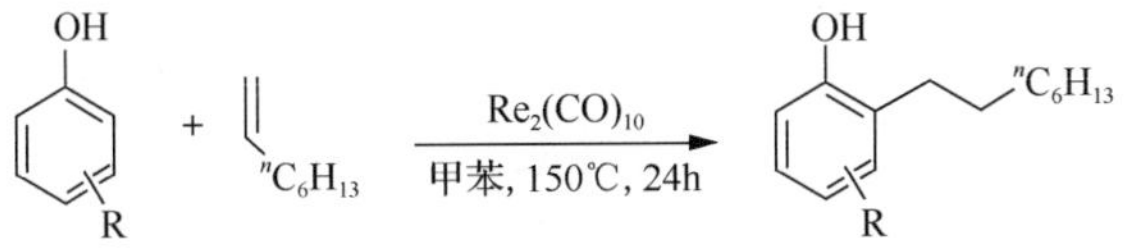

图 5-19 催化剂 $Re_2(CO)_{10}$ 的催化反应式

5.1.5 氧化反应

铼催化氧转移反应是铼催化的最有代表性的一类反应。其中，铼化合物 MTO 能催化各类氧化反应，其氧化效果是有目共睹的，铼其他化合物在不同条件下也可催化多种氧化反应。

Dinda 等[30]报道了以 $ReOCl_3$(dppm)和 $ReOCl_3$(dppp)为催化剂，在碳酸氢钠为碱的乙腈溶液中以过氧化氢为氧化剂催化直链烯烃、芳香烯烃和环烯烃的环氧化，室温下转化率可达 68%～93%。

[ReOX(L)$_2$]（1～7; X = Cl，Br，L = $CH_3C(O)CH_2C(NAr)CH_3$，Ar=Ph(APOH)，2-MePh(MPOH)，2,6-Me_2Ph(DPOH)，2,6-$^iPr_2$Ph (DiPOH)）包含 β-酮亚胺类配体的含氧铼配合物已经由[$ReOX_3(OPPh_3)(SMe_2)$]（X = Cl，Br）与相应的配体锂盐反应制得。所有化合物都有光谱学的特点，[ReOX(DiPO)$_2$]（X=Cl（1），Br（5））、[ReOX(DPO)$_2$]（X = Cl（2），Br（6））和[ReOX(APO)$_2$]（X = Cl（4），Br（7））的同分异构体与[ReOCl(MPO)$_2$]形成对比，它展示了同分异构体混合物的性质[31]。混合物 2、3、5 和 7 结晶学特点，展示了相似的八面体结构。除了 2 和 6，形成

环氧化物的收率都达到 55%，在相同的情况下，2 和 6 只有 13%的环氧化合物生成。

用更便宜且容易获得的无机铼氧化物（Re_2O_7、$ReO_3(OH)$和 ReO_3）替代有机金属铼的物种（CH_3ReO_3），可以实现双（三甲基硅烷基）过氧化物（BTSP）作为氧化剂的使用，以代替过氧化氢水溶液。使用催化质子源，控制释放的过氧化氢量有助于保持感光的过氧化铼物种和催化替代。Yudin 等系统地报道了氧化铼催化剂前体、底物的范围、各种添加剂对烯烃环氧化的影响[32]。

简单的无机含氧铼化合物，第一次作为高效烯烃环氧化作用的催化剂，对环氧化催化作用表现出较高的活性，被认为是在几乎无水的条件下，利用 BTSP 作为氧原子来源来实现和维护，除了只有一个跟踪的质子药剂（H_2O），催化过氧化物慢慢转移一部分硅到铼。如果大规模 BTSP 可用，这个新的“无水”铼-催化过程可能成为最方便的方法之一，可用于烯烃的环氧化反应。事实上和 MTO 一样有效，这些“无水”系统的一个特别有吸引力的特性是简单易操作，只需要旋转蒸发二氯甲烷和六甲基二硅醚反应混合物。

Song 等合成了具有吡啶亚胺基和氨基的 Re（I）羰基配合物[33]，如图 5-20 所示。通过这些 Re（I）络合物在顺式-环辛烯环氧化中的催化活性的检测，发现 Re（I）羰基配合物在与其他 Mo 和 Re 配合物建立的条件下，通常显示出对顺式-环辛烯环氧化的低至中等催化活性。适度的活性可能是由于在催化反应过程中原位形成的 Re（VII）物质的不稳定性，其倾向于分解成在该工作中观察到的催化失活的高铼酸盐。

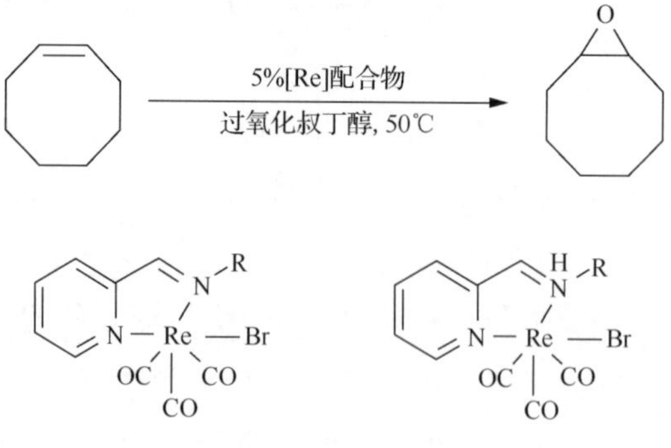

图 5-20　合成方程式

Iulius 等[34]合成了咪唑基的功能型铼离子液体，以此兼作溶剂和催化剂，以过氧化氢作氧化剂，可以高效地催化烯烃环氧化反应，特别是对环辛烯的环氧化反应催化效果极其显著。此催化剂不仅具有良好的催化效率，而且还加快了反应的速率，大大缩减了反应的时间。催化体系可以循环使用，循环 8 次后产率依旧达到 98%～99%，表明铼离子液体在氧化条件下的高稳定性和对烯烃环氧化反应的高效催化活性（图 5-21）。

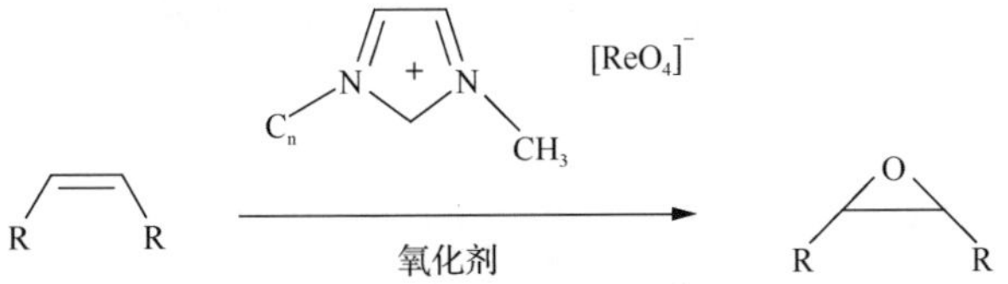

$[ReO_4]^-$　C_n　CH_3　R　R　氧化剂　O　R　R

图 5-21　催化反应式

环氧化反应在有机化学反应和工业化以及学术上都有很高的关联性，在 Jens 等的研究中，铼、钼和铁络合化合物对分子的环氧化催化反应已经展现出来。甲基三氧化铼是这些反应的基准催化剂，反应机理明确。最近出现了高活性分子的钼和铁催化剂，挑战 MTO 在具有高周转频率的环氧化催化剂中的非凡地位。这一发展突出显示了使用更便宜、更容易获得的金属的趋势，基础金属在催化中的使用面临着挑战。这些结果表明，相对廉价且丰富的金属，例如钼和铁，在环氧化催化中与贵金属具有相同的效用[35]。

Arterburn 等[36]在 1996 年报道了以 0.5%的 $ReOCl_3(PPh_3)_2$ 作催化剂，二甲基亚砜或二苯基亚砜为氧源，室温下将硫醚催化氧化，根据底物不同，反应时间不同，产率可到 50%～98%（图 5-22）。

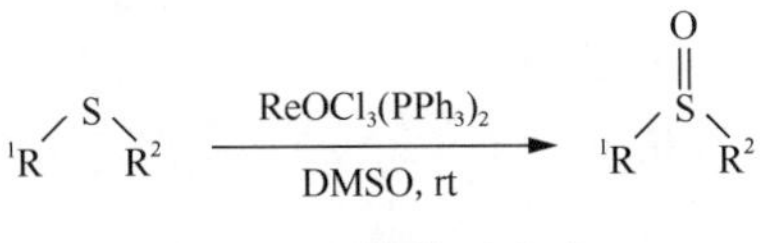

$R^1-S-R^2 \xrightarrow[DMSO,\ rt]{ReOCl_3(PPh_3)_2} R^1-S(=O)-R^2$

图 5-22　催化反应式

Patrina 等[37]以$(nBu_4N)ReO_4$为催化剂，PhIO 作氧化剂，催化芳香醇的氧化反应，产率最高可达 99%（图 5-23）。此反应具有以下优点：①对主要苄基羟基功能极好的产量和选择性，这可能对精细产品合成有用；②易于操作；③重复使用催化剂没有失活现象；④使用商用或容易得到且易于存储的衍生物；⑤可以很好解决产品处理、溶剂和助氧化剂的回收问题，使得催化体系具有很好的环保性。

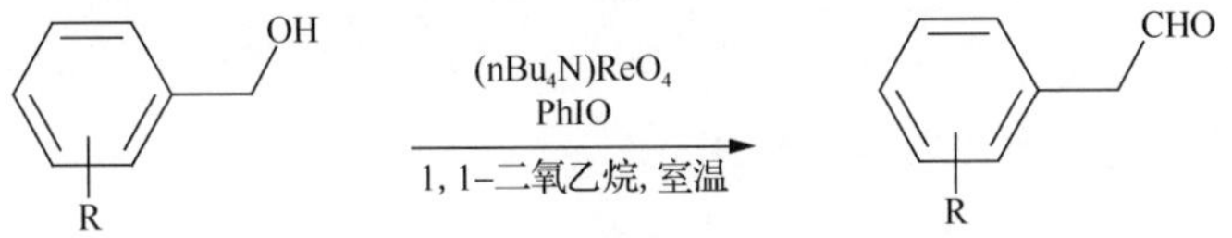

OH　R　$(nBu_4N)ReO_4$　PhIO　1, 1–二氧乙烷, 室温　CHO　R

图 5-23　催化反应式

5.2　甲基三氧化铼的催化反应

MTO 作为人们最关注的铼催化剂，主要集中于各类氧化反应中，其应用之广，几乎涉及所有的氧化反应。

5.2.1　碳氢插入反应

Gianluca 等[38]用 MTO 及负载的 MTO 作催化剂，用过氧化氢作氧化剂，在 [Bmim]PF_6 离子液体中催化一些典型的烃衍生物（三苯基甲烷和二苯基甲醇等）发生 C—H 插入反应，生成相应的二苯基酮。其中，1-苯基乙醇反应生成甲基苯基酮，1, 2-二甲基环己烷反应生成 1, 2-二甲基环己醇，各个反应转化率和产率都比较高。在金刚烷生成金刚烷醇的反应中使用离子液体[Emim][NTf_2]作溶剂来提高底物的溶解量。Gianluca 等还探讨了溶剂对反应的影响，并对 MTO 和负载 MTO 的催化效果进行了比较，发现两者的催化效果相差不大，但在离子液体中反应获得的产率比在有机溶剂中获得的产率高，而且由于离子液体自身可循环使用，所以使该体系具有绿色环保的特点。

5.2.2　醇变成酮或酸的反应

Herrmann 等研究发现：MTO 在 HBr、四甲基哌啶（tetramethylpiperidine，TEMPO）共同存在，醋酸作溶剂的条件下能催化一级或二级醇生成相应的醛或酮，反应以过氧化氢作氧化剂，生成副产物是水，使得反应体系既环保安全又经济。HBr 的加入加快了反应的速率，但会影响端基醇生成醛的选择性；TEMPO 的加入缩短了反应时间，而且不会影响其产物的选择性，选择性始终保持在 99%以上[39]。

5.2.3　酚氧化成醌的反应

Alexandra 等[40]将 MTO 作催化剂，H_2O_2 作氧化剂的体系应用于酚类的氧化反应，其主要针对邻位或者间位有取代基团的单酚或双酚类化合物，将其氧化成醌类。研究发现，在没有催化剂存在下，反应进行得很慢且产率很低，加入催化剂后产物选择性和转化率都有显著提高，即使在较低温度下反应仍能进行，说明催化剂在反应中起到了至关重要的作用。

5.2.4　含硫化合物的氧化反应

Brown 等[41]研究发现噻吩及其衍生物在 MTO/H_2O_2 催化氧化下可将氧原子逐步转移到硫原子上，形成亚砜或砜类化合物，不过取代基上的电子效应会影响反应。噻吩中心的亲核硫原子与被过氧化氢亲电活化过铼进行配位，当亚砜和过氧化物与铼配位时，过氧化氢更强的亲核性起控制作用。

Wang 等[42]研究了甲基三氧化铼在过氧化氢下氧化具有烷基和芳基取代基的有机二硫化物的反应，并发现 MTO 在对称的烷烃基和芳基的二硫化物氧化过程中也能起到催化作用。此催化剂不仅拥有良好的催化效率，而且还加快了反应的速率，大大缩减了反应的时间。在氧化剂过量的条件下催化形成的产物是硫代亚硫酸酯，并且可以进一步转化成硫代亚硫酸盐，若长时间反应则形成磺酸；在氧化剂量不足的时候，则发生歧化作用形成 $RS(O)_2SR$，而催化剂 MTO 在反应中以 A：$CH_3ReO_2(\eta^2\text{-}O_2)$和 B：$CH_3ReO(\eta^2\text{-}O_2)_2(OH_2)$两种活化形式存在。

Lahti 等[43]研究了甲基三氧化铼作催化剂时，用过氧化氢将二烷基和二芳基亚砜氧化成砜的反应，并对该体系进行深入的研究。结果发现，在没有催化剂加入的时候，几乎不发生反应；加入 MTO 催化剂后反应速率显著提高。通过对其动力学进行研究表明，由于 MTO 的加入，反应过程中氧原子的转移过程发生改变导致其反应速率也发生了改变。

5.2.5　含氮化合物的氧化反应

Sharma 等研究了甲基三氧化铼在氧参与下氧化有机氮化物的反应。以 MTO 作催化剂，氧气为氧源，分别对一级、二级、三级胺的底物进行氧化反应，生成相应的氮氧化合物。在该类反应中，催化剂浓度以及不同种类的溶剂均会影响反应的进行和产率。该催化体系反应条件温和，对于不同的胺类，反应 2.5～6h，产率在 89%～98%。此催化剂不仅拥有良好的催化效率，而且还加快了反应的速率，大大缩减了反应的时间[44]。

Soldaini 等研究了甲基三氧化铼/过氧化脲催化氧化亚胺的反应，并报道把含碳氮双键的肟类化合物氧化成氮氧键化合物的反应，因其极其少见引起了广泛关注。Soldaini 等用 MTO 作催化剂，在甲醇溶剂中用 3 倍量的过氧化脲或过氧化氢作氧化剂，室温下即可进行反应，条件温和简单。传统方法进行这类氧化反应得到的产物选择性很低，且环状胺易开环产生副产物；与之相比，以 MTO 作催化剂的反应体系缩短了反应时间并且克服了环状胺容易开环的缺点，得到的产物选择性很高，产率高达90%以上[45]。

5.2.6 生成烯烃的反应

Pedro 等[46]研究了在三苯基膦存在下，甲基三氧基铼（MTO）催化酮与重氮乙酸乙酯的烯化反应（图5-24），未活化的酮需要添加0.5当量的苯甲酸才能获得良好的产率，而三氟甲基酮不需要助催化剂。优化后的该体系可用于芳香烃、脂肪族、不饱和、环状和三氟甲基酮的烯化反应。

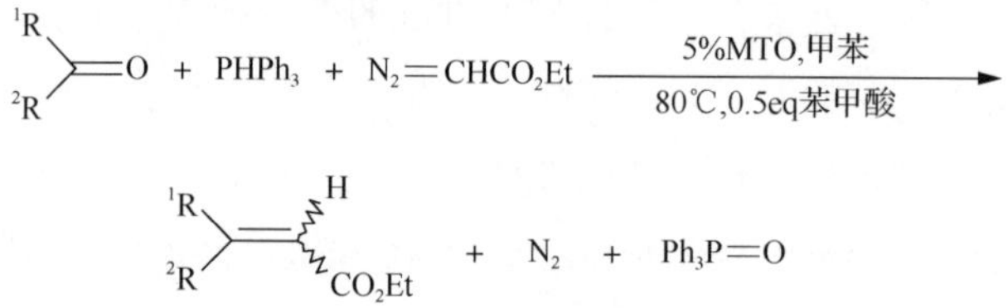

$$^{1}R(^{2}R)C{=}O + PHPh_3 + N_2{=}CHCO_2Et \xrightarrow[80℃,0.5eq苯甲酸]{5\%MTO,甲苯} {}^{1}R(^{2}R)C{=}CH(CO_2Et) + N_2 + Ph_3P{=}O$$

图5-24　催化反应方程式

5.2.7 Baeyer-Villiger 氧化反应

Bernini 等[47]进一步研究了以MTO作催化剂、过氧化氢作氧化剂，在醇类溶剂中均相反应条件下一些黄烷酮类和橙皮素转化成相应内酯的反应。研究发现，有些酮类衍生物在同样的均相体系中会因引入溶剂醇的烷氧基而开环生成链状的酯。为了克服这一缺点，选择不同的载体对MTO进行固载。在环境友好催化体系叔丁醇中，以聚4-乙烯基吡啶负载的甲基三氧基铼为催化剂，过氧化氢催化柚皮素和橙皮素可生成相应的内酯。

5.2.8 氧化烷烃类物质

一系列的三羰基铼复合物，例如$[Re(CO)_3(k^3\text{-}PN_2)]$（1）、$[Re(CO)_3Br(k^2\text{-}H_2PNO)]$（2）和$[Re(CO)_3Br(k^2\text{-}HPN\text{-}Pip)]$（3），它们已通过共价键固定到改性的SBA-15上，形成了负载型的催化剂[48]。值得关注的是C_5和C_6的烷烃都具有高效催化剂的转换数，从2240升到了2857，并具有较高的酮选择性。本节通过改变温度、压力、反应时间和催化剂用量，得到了最佳的实验条件。热稳定性测试表明该催化剂可以耐温到200℃，ICP显示催化剂损失的金属可以忽略不计，催化剂使用7次后，还可以继续使用，展现了催化剂可循环回收使用的高效性。

5.2.9 其他催化反应

Zhu 等一直持续不断地进行高氧化态有机铼化合物的研究，促进了甲基铼的三氧化二砷在催化过程的成功应用[49]。此催化剂在 1-3 烯烃的氧化反应中是有效的。环氧化物的形成是一个关键反应，并且直接在这些研究结果中表现出来。铼（VII）配合物螯合双（diolate）配体可以通过 MTO 与 2,3-二甲基-2,3－二醇回流进行合成。他们提出了一种更简便的方法进行制备，即不同系列的相关化合物由双 Cp*Re-氧系列，Cp*ReO-(diolate)系列螯合制备。

1996 年，Espenson 课题组[50]报道了 1%（物质的量分数）的 MTO 在水相中能够很好地催化不饱和醛和酮和共轭二烯作用发生 Diels-Alder（D-A）反应。产率可达 90%，立体选择性大于 99%。由于芳香醇可以形成比脂肪醇更稳定的碳正离子中间体，所以芳香醇的转化率更高，在此基础上提出了涉及碳阳离子中间体的协同过程和机理。

5.3 铼及其合金在材料方面的应用

铼是国防、航空航天及电子等现代高科技领域中极其重要的原材料之一，铼及其合金的特性决定了它在石油化工、航空航天、电子器件、金属冶金、生物医学和其他材料等方面得到广泛的应用。

5.3.1 石油化工方面的应用

铼催化剂在石油化工领域发挥着非常重要的作用。催化重整是石油炼制过程之一，是提高汽油质量和生产石油化工原料的重要手段。铼铂合金作为催化重整过程中的一种催化剂，能够提高重整反应的深度，增加汽油、芳烃和氢气等的产率。此外，铼还可用作汽车尾气净化的催化剂，而铼的硫化物则可用作甲酚、木素等的氢化催化剂。

5.3.2 航空航天方面的应用

铼及其合金主要用于高科技领域的国防尖端产品中，比如航空航天元件、各种固体热敏元件等。

镍基单晶高温合金因其优异的高温性能和综合性能，广泛应用于航空发动机涡轮叶片制造。通过提高合金内 Re、W、Mo、Ta 等难熔元素的比例，可以提高合金的承温能力和高温性能，但同时也带来了组织稳定性降低、合金密度超过叶片设计要求、成本过高等负面影响。因此，合金元素的大量添加，尤其是难熔元素的添加，对高温合金长期服役过程中微观组织稳定性等的影响成为目前镍基单晶高温合金研发领域的重点方向。

镍基单晶高温合金中，铼元素的添加对于提高合金的高温性能效果最为明显。其中第二代单晶合金以 PWA 公司的 PWA 1484 为代表，它是在第一代单晶的基础上添加了质量分数为 3%左右的铼元素，通过γ基体相的固溶强化和抑制γ相的粗化，使合金的使用温度比第一代单晶提高了近 30℃。此外，PWA 1487、CMSX-4、Rene N5 等也是典型的二代单晶合金，其中 PWA1487 和 Rene N_5 中还添加了少量铱元素，使合金的抗氧化性能得到了大幅提高[51,53]。第三代单晶合金以 Rene N6 和 CMSX-10 为代表[53,54]，合金的成分特征为铼的质量分数增加到了 6%，同时难熔元素（Ta、W 和 Mo 等）总质量分数高达 20%以上，相比第二代单晶合金，其承温能力又提升了近 30℃，同时使合金具有更高的高温蠕变强度。第四、五代单晶合金分别以 TMS-138 和 TMS-162 为代表[55,56]。铼在镍中的扩散激活能很高，因此铼在镍中的扩散较为困难。Giamei 等[57]的研究表明，随着铼含量的增加，γ相的粗化速率明显降低。铼主要进入γ基体中，迟滞γ强化相的粗化，增加合金中γ/γ'两相间的错配度，约有 20%的铼进入γ相，因而也强化了γ'相。原子探针微观分析表明铼在合金中形成尺寸约为 1nm 的短程有序铼原子团。铼原子团可有效阻碍位错运动，降低合金元素扩散速率，提高γ相的粗化激活能，从而可以改善单晶高温合金的高温力学性能。同时，由于 Re（hcp）和 Ni（fcc）的晶体结构以及原子尺寸的差异限制了其在 Ni 中的固溶度，又由于铼的扩散系数很低，使凝固过程中铼强烈偏聚于枝晶干处，致使固溶处理时的微观结构均匀化变得困难[58,59]。

此外，铼在基体中的过饱和会促使合金在长期高温使用时 TCP 相的析出，严重影响合金的组织稳定性，极不利于合金的高温性能。另外，铼元素的密度非常大，为 21g/cm^3，合金中铼含量的不断提高使合金的密度大大增加，例如第三代单晶合金 CMSX-10 的密度为 9.05g/cm^3，已经超出了单晶叶片设计的要求。

此外，由于铼元素的价格极其昂贵，随着铼含量的不断添加，合金的成本大大提高。日本研究人员估算当铼的加入量达到质量分数为 3%后，合金成本提高约 70%。若按铼以 2500 美元/kg 这个价格估算，第二代单晶合金母合金的价格约为 100 万元/t，第三代单晶合金母合金价格将高至 160 万元/t。这个合金价格是几乎无法接受的。综上所述，从合金的组织稳定性、密度及成本考虑，应尽可能地少用或不用铼元素。但又由于铼元素在镍基单晶高温合金中的固溶强化效果是其他元素无法比拟的[60]，所以为了提高合金的使用温度以及高温强度，又不能放弃使用铼元素，这是一个矛盾。因此，铼元素的使用是一把双刃剑，应合理控制其使用量，同时最大程度地发挥其在镍基单晶高温合金中的强化效果。

5.3.3 电子材料方面的应用

铼的耐高温性使其在加热元件、电气插头、热电偶、特殊金属丝及电子管中有广泛应用，所以在电子材料方面有极高的应用前景。

5.3.4 冶金方面的应用

铼在冶金工业上可用作合金添加剂。合金中加入铼可以大大改善合金的性能，特别是作为钨或钼的添加剂可以提高钨、钼合金的强度，克服这些金属在再结晶后的脆变倾向，改善金属的成形性和焊接性，使钨和钼合金具有更好的坚固性和稳定性。

钨和铼都是高熔点金属，广泛应用于高温领域。但它们还有缺点，纯钨性脆，再结晶温度很低；纯铼加工性能很差，价格昂贵。这使它们的应用范围均受到很大限制。钨与铼制成各种成分钨铼合金，不仅能够克服纯钨和纯铼的性能缺陷，还可赋予合金诸多优良性能。例如，高熔点、高强度、高硬度、高塑性、高电阻率、高再结晶温度、高热电势值、低蒸气压、低电子逸出功和低塑/脆性转变温度等，同时它们还有优良的抗“水循环”反应性能，价格也比纯铼低 75%～95%。

钨是一种银白色金属，外形似钢，熔点为目前已知所有金属元素中最高的，蒸发速度慢。钨的化学性质很稳定，常温下不与空气和水反应，不与任何浓度的盐酸、硫酸、硝酸及氢氟酸发生反应，但可以迅速溶解于氢氟酸和浓硝酸的混合酸中。钨在地壳中的含量为 0.001%，已发现的钨矿物和含钨矿物有 20 余种，但其中具有开采价值的只有黑钨矿和白钨矿，黑钨矿约占全球可开采钨矿资源总量的 30%，白钨矿约占 70%。钨由于其熔点高、硬度高、密度高、导电性和导热性良好、膨胀系数较小等特性而被广泛应用到合金、电子、化工等领域。钨的硬度很高，密度接近黄金，因而能够提高钢的强度、硬度和耐磨性，是一种重要的合金元素。难熔金属都有极高的耐热强度和不易变形的特殊属性，通过增韧的方法使金属获得低熔点，但又在过程中加以控制，直到不易变形特性，达到兼具低熔点和高韧性的目的。钨被广泛应用于各种钢材的生产中，常见的含钨钢材有高速钢、钨钢，以及具有高的磁化强度和矫顽磁力的钨钴磁钢等，这些钢材主要用于制造各种工具，如钻头、铣刀、拉丝模、阴模和阳模等。

在钨合金中加入铼能在一定程度上改善钨合金的塑性，是降低钨合金塑性和脆性转换温度的关键步骤。因为即使经过高温锻烧，氧和氮等空气成分仍然会作为杂质残留，给钨合金与其他金属的融合造成损害，甚至因为脆性的突然增大而使加工困难。自 Geach 和 Hughes 在 1955 年首次发表“在钨中添加铼能改善延展性”的研究结果之后，钨铼合金受到了极大重视并得到了飞速发展，现已广泛应用于热电偶、电真空技术、电接点材料等领域，在核聚变反应堆中面向等离子体材料的第一壁上的应用也取得了一定的进展[61]。

铼在钨中溶解形成的具有体心立方的固溶强化钨铼合金具备一系列优良性能，如高熔点、高强度、高硬度、高塑性、高再结晶温度、高电阻率、低蒸气压、低电子逸出功和低韧脆转变温度等，是目前钨基合金中综合性能较为优异的材料。

在现代高温测量领域的发展中，钨铼热电偶较铀铑热电偶具有价格低、测温范围广、热电势大、输出信号大、响应时间快等优点，所以对钨铼热电偶的研究也引起越来越多的重视。早在 1979 年美国材料与试验协会就颁布了 W-3Re/W-25Re 热电偶专业标准 ASTM E969-79，相比于我国第一个 WRe 热电偶标准 ZBN05003-88 早了 10 年。随着热电偶技术的发展和应用，国内的钨铼热电偶生产、分度和应用已经形成了完整的工业体系。但由于钨铼热电偶应用环境有限（主要应用于非氧化环境），并且其机械性能和热电性能还有待提高，所以近年来人们通过各种方式对钨铼热电偶的使用环境、偶丝的机械性能与热电性能进行深入研究。

在钨铼合金中掺杂 Si、Al、K 以提高其再结晶温度和高温强度，是目前改善钨铼热电偶机械性能较为普遍的方法。

20 世纪 80 年代设立了国际热核试验堆计划，并在 21 世纪初确定了国际热核试验堆计划的设计概要，这也标志着热核聚变技术从基础研究阶段进入了工程可行性研究阶段。聚变堆中面向等离子体的材料必须具备良好的导热率、抗热冲击性、低溅射产额、低放射性、低蒸汽压及高熔点等性能，钨及钨基材料可以作为面向等离子体材料，是一种可用于第一壁和偏滤器、限制器的装甲材料，例如未来用于商业化的热核聚变装置，即聚变示范堆（demonstration，DEMO）。

近些年来，超细晶/纳米晶铼合金的研发成为了解决面向等离子体材料问题的重要途径。一方面，超细晶/纳米晶材料较多晶材料展现出更优异的延展性能；另一方面，纳米材料表现出很好的抗辐照肿胀和抗辐照脆化性能。David 等研究了位错密度对纳米晶钨铼合金抗辐照脆化的影响，得出了轧制态纳米结构钨铼合金板材的抗辐照硬化能力比多晶退火态板材抗辐照脆化能力高 50 倍左右，并认为这是由于纳米结构钨铼合金板材中存在大量的位错，而这些位错的存在使在辐照过程中空位的聚集不需要形成新的位错环，从而大大增加了辐照硬化抗性[62]。纳米晶钨铼合金作为面向等离子体材料的相关文献还比较少，有待进一步试验和研究，但其出色的性能使其具有巨大的发展前景。

由于钼铼合金具有优异的抗辐射性能、较高的抗拉强度和良好的延展性、高温性能及导电性，因此被广泛应用于航空航天、核能、电子、军工等高科技领域，如作为结构包套材料用于空间核反应堆的热离子交换器，制成箔材和极细丝材作为弹性元件用于加热器、热电偶等高温设备中（效果很好且使用寿命较长），等等。钼铼合金耐磨性好，抗电弧烧蚀性强，故可广泛应用于电子元器件中。由于铼的价格昂贵，因此进一步探索铼在钼中的作用机制、研究低铼含量合金或替代材料很有必要。

铼及铼合金有着特殊的性能，其应用非常广泛,其发展前景非常诱人。铼及铼合金的特性决定了其在冶金工业的应用及开发，已经引起了各国材料学家的高度重视和关注。

5.3.5 医学方面的应用

^{186}Re 在核医学中很有应用价值且潜力很大，其衰变主要靠基态的 β 负辐射、^{186}Os 的 137 KeV 的激发态，以及对 ^{186}W 的电子捕获。Jaubert 等[63]使用三双符合比（triple to double coincidence ratio，TDCR）模型方法描述了该放射性核素的标准化。该方法是考虑核素分解后的各种衰减/灭磁路径，通过计算转移到闪烁体上的能量来实现的。通过考虑计算模型中使用的理论和实验参数的统计分布，Jaubert 等通过随机方法评估检测效率的不确定性。结果表明，检测效率高于 97%，活性测定的相对标准不确定度约为 0.3%。

Urs 等[64]研究了由可生物降解的聚乳酸制成的含铼微球是否能够承受产生治疗量放射性铼所必需的直接中子活化。通过扫描电子显微镜和尺寸排阻色谱法考察了 ^{186}Re 和 ^{188}Re 产生的剂量高达 1.05 MGy 的 γ 辐射对聚合物的辐射损伤。在 1.5×10^{13} n/cm^2/s 的热中子通量核反应堆中，微球在 3h 后熔化；但其在辐射 1h 后几乎没有受到损伤，并且在 37℃ 的缓冲液中，在温育期间释放的放射性能量小于 5%。但用这种方法制备的放射性微球的比活性太低，不能用于肝脏肿瘤的放射栓塞治疗，但可以直接注射到肿瘤中或局部切除的伤口中。

铼配合物作为治疗剂在核医学中的应用推动了这些化合物的化学性质研究。Joanne 等[65]研发了以铼氮化物$[ReN]^{2+}$为核心的新型配合物放射性药物。重点研究了磺胺基二硫代碳酸酯对铼（V）氮化物核心的影响。利用二硫代碳酸酯配体与铼（V）前驱体[rencl2(pph3)2]和[rencl2(pme2ph)3]的反应，最终得到了铼（V）配合物的二价阴离子$[ReN(S\text{-}S)_2]^{2-}$，其中(S-S)表示磺胺标记的二硫代碳酸酯单元。这类含有苯磺酰胺主链的金属配合物为分子成像和治疗领域提供了新途径。

5.3.6 其他材料方面的应用

Hou 等合成了一系列聚苯乙烯-嵌段-聚（4-乙烯基吡啶）（PS-*b*-PVP），其上连接有发光三羰基（2,2′-联吡啶）铼（I）配合物[66]。铼配合物能诱导共聚物，形成具有不同形状和尺寸的纳米胶束，这取决于共聚物的嵌段尺寸分布和所使用的溶剂体系。通常，当将非溶剂甲醇加入二氯甲烷的共聚物溶液中时，可观察到球形胶束的存在。当甲醇浓度约为 30%时，可观察到胶束化现象。当聚（4-乙烯基吡啶）嵌段的非溶剂甲苯加入二氯甲烷的共聚物溶液中时，观察到不同形状的胶束。对于具有较大聚乙烯吡咯烷酮（poly vinyl pyrrolidone，PVP）嵌段尺寸的共聚物，观察到球形胶束。当 PVP 嵌段的相对尺寸减小时，胶束逐渐转变为盘状或囊泡结构，然后呈环形结构。铼配合物可在所得纳米胶束中充当发光探针，并为电子显微镜研究提供足够的对比度，胶束化后发光光谱发生了明显的变化。

Ritschel 等使用改进的“固定床”化学气相沉积法，以铼为催化剂合成了反磁性单壁、双壁和多壁碳纳米管[67]。研究表明，对于合成均匀直径和确定数量的壳的反磁性纳米管，铼是一种合适的催化剂。利用扫描和透射电子显微镜、拉曼光谱和磁性测量表征了铼催化生长碳纳米管的管状结构、高结晶度和抗磁特性。

Delmore 等制备了一种新型陶瓷类材料[68]，当在真空中加热到 1073～1173K 时，它具有发射高铼酸盐阴离子数千小时的性质。此前方法在稀土氧化物基质中使用高铼酸钡（一种相当难熔的化合物），与最佳方法相比，使用铕和氧化镱作为高铼酸钡的基质可将高铼酸盐阴离子发射性能提高一个数量级。因其（处于+3 价氧化态）具有稳定的+2 价状态，它们可以被还原，从而用作稳定高铼酸盐的氧化基质。这表明铕和镱的+3 价氧化物可以作为需要保持氧化形式的化学物质的高温氧化基质。

Liu 等用 UMT-2M 摩擦试验机测试了升温和降温（22～600℃）条件下，在 Si_3N_4 陶瓷球/GH126 镍基高温合金盘间添加高铼酸铅粉末前后的摩擦系数[69]。利用 X 射线衍射和扫描电镜对磨屑成分和磨痕形貌进行分析，并用试验机附带装置测量了磨痕表面与金属球间的接触电阻。结果表明：升/降温条件下，高铼酸铅都具有良好的抗摩作用，摩擦系数较未加润滑剂的试验明显降低。这是由于在摩擦表面形成了完整的抗摩擦膜。尤其是在 600℃时高铼酸铅熔化，形成易于流动的熔融态减摩膜，使摩擦系数达最低值，且良好的减摩作用可以一直持续到 22℃。

Liu 等在水溶液中合成了 Fe、Co、Ni、Cu、Pb、Ca、Ba 和 La 的高铼酸盐，对它们的结构、成分和形貌形成进行了 XRD 和 SEM-EDS 分析表征[70]。利用 UMT-2M 摩擦试验机，测试从室温至 750℃时，在 Si_3N_4 陶瓷球/GH126 镍基高温合金盘间添加合成高铼酸盐前后的摩擦系数。筛选部分合成高铼酸盐作为季戊四醇酯合成油的添加剂，测试其摩擦系数。结果表明：除合成的 $Fe(ReO_4)_3$ 为非晶态外，其他合成的高铼酸盐均为晶态，它们的 XRD 数据与标准卡中的数据十分接近，成分与计算值也基本相符，这些合成高铼酸盐均具有一定的润滑能力，且随温度变化的规律各不相同。其中，Co、Cu 和 Ga 合成的高铼酸盐具有宽温度范围全程润滑油添加剂所期望的减摩性能，可以实现常温润滑-高温固体润滑的混杂润滑模式。

参 考 文 献

[1] Kuninobu Y, Kawata A, Takai K. Rhenium-catalyzed formation of Indene framework via C-H bond activation: annulation of aromatic aldimines and acetylenes[J]. Journal of the American Chemical Society, 2005, 127(39): 13498-13499.

[2] Kuninobu Y, Tokunaga Y, Kawata A, et al. Insertion of polar and nonpolar unsaturated molecules into carbon-rhenium bonds generated by C-H bond activation: synthesis of phthalimidine and indene derivatives[J]. Journal of the American Chemical Society, 2006, 128(1): 202-209.

[3] Kuninobu Y, Nishina Y, Nakagawa C, et al. Rhenium-catalyzed insertion of aldehyde into a C-H bond: synthesis of isoenzofuran derivatives[J]. Journal of the American Chemical Society, 2006, 128(38): 12376-12377.

[4] Kuninobu Y, Nishina Y, Shouho M, et al. Rhenium- and aniline-catalyzed one-pot annulation of aromatic ketones and α,β-unsaturated esters Initiated by C-H bond activation[J]. Angewandte Chemie, 2006, 45(17): 2766-2768.

[5] Kuninobu Y, Nishina Y, Matsuki T, et al. Synthesis of Cp-Re complexes via olefinic C-H activation and successive formation of cyclopentadinenes[J]. Journal of the American Chemical Society, 2008, 130(43): 14062-14063.

[6] Kuninobu Y, Kawata A, Takai K. Rhenium-catalyzed insertion of terminal acetylenes into a C-H bond of active

methylene compounds[J]. Organic Letters, 2005, 7(22): 4823-4825.

[7] Kuninobu Y, Kawata A, Takai K. Efficient catalytic insertion of acetylene into a carbon-carbon single bond of nonstrained cyclic compounds under mild conditions[J]. Journal of the American Chemical Society, 2006, 128(35): 11368-11369.

[8] Yudha S S, Kuninobu Y, Takai K. Rhenium-catalyzed hydroamidation of unactivated terminal alkynes: synthesis of (E)-enamide[J]. Organic Letters, 2007, 9(26): 5609-5611.

[9] Kuninobu Y, Matsuki T, Takai K. Rhenium-catalyzed synthesis of indenones by novel dehydrative trimerization of aryl aldehydes via C-H Bond activation[J]. Organic Letters, 2010, 12(13): 2948-2950.

[10] Sueki S, Guo Y, Kanai M, et al. Rhenium-catalyzed synthesis of 3-imino-1-isoindolinones by C-H bond activation: application to the synthesis of polyimide derivatives[J]. Angewandte Chemie, 2013, 125(45): 12095-12099.

[11] Tang Q , Xia D , Jin X , et al. Re/Mg Bimetallic tandem catalysis for [4+2] annulation of benzamides and alkynes via C-H/N-H functionalization[J]. Journal of the American Chemical Society, 2013, 135(12): 4628-4631.

[12] Takaya H, Ito M, Murahashi S I. Rhenium-catalyzed addition of carbonyl compounds to the carbon-nitrogen triple bonds of nitriles: α-C-H activation of carbonyl compounds[J]. Journal of the American Chemical Society, 2009, 131(31): 10824-10825.

[13] Kennedy-Smith J J, Nolin K A, Toste F D. Reversing the role of the metal-oxygen p-bond. chemoselective catalytic reductions with a rhenium(V)-dioxocomplex[J]. Journal of the American Chemical Society, 2003, 125(14): 4056-4057.

[14] Nolin K A, Krumper J R, Pluth M D, et al. Analysis of unprecedented mechanism for the catalytic hydrosilylation of carbonyl compounds[J]. Journal of the American Chemical Society, 2007, 129(47): 14684-14696.

[15] Kristine A N, Richard W A, Dean F T. Enantioselective reduction of imines catalyzed by a rhenium(V)-oxo complex[J]. Journal of the American Chemical Society, 2005, 127(36): 12462-12463.

[16] Jiang Y, Blacque O, Fox T, et al. Highly selective dehydrogenative silylation of alkenes catalyzed by rhenium complexes[J]. Chemistry-A European Journal, 2009, 15(9): 2121-2128.

[17] Noronha R G, Romão C C, Hernandes A C. Highly chemo- and regioselective reduction of aromatic nitro compounds using the system silane/oxo-rhenium complexes[J]. Journal of Organic Chemistry, 2009, 74(18): 6960-6964.

[18] Noronha R G, Romäo C C, Fernandes A C. A novel method for the reduction of alkenes using the system silane/oxo-rhenium complexes[J]. Tetrahedron Letters, 2010, 51(7): 1048-1051.

[19] Sousa S A, Fernandes A C. Highly efficient and chemoselective reduction of sulfoxides using the system silane/oxo-rhenium complexes[J]. Tetrahedron Letters, 2009, 50(49): 6872-6876.

[20] Kuninobu Y, Takata H, Kawata A.Rheniumcatalyzed synthesis of multisubstituted aromatic compounds via C-C single-bond cleavage[J]. Organic Letters, 2008, 10(14): 3133-3135.

[21] Kuninobu Y, Nishi M, Kawata A. Rhenium and manganese-catalyzed synthesis of aromatic compounds from 1,3-dicarbonyl compounds and alkynes[J]. Journal of Organic Chemistry, 2010, 75(2): 334-341.

[22] Huo Z , Zhao J , Bu Z , et al. Synthesis of cyclic carbonates from carbon dioxide and epoxides catalyzed by a keggin-type polyoxometalate-supported rhenium carbonyl derivate in ionic liquid[J]. ChemCatChem, 2014, 6(11): 3096-3100.

[23] Murai M, Nakamura M, Takai K. Rhenium-catalyzed synthesis of 2H-1,2-oxaphosphorin 2-oxides via the region and stereoselective addition reaction of β-keto phosphonates with alkynes[J]. Organic Letters, 2015, 46(17): 5784-5787.

[24] Saito K, Onizawn Y, Kusama H. Rhenium(I)-catalyzed cyclization of highly substituted phenols[J]. Chemistry A European Journal, 2010, 16(16): 4716-4720.

[25] Hiroyuki K, Hokuto Y, Yuji O, et al. Rhenium(I)-catalyzed intramolecular geminal carbofunctionalization of alkynes: tandem cyclization of ω-acetylenic dienol silyl ethers[J]. Angewandte Chemie International Edition, 2005, 44(3): 468-470.

[26] Kusama H, Karibe Y, Imai R, et al. Tungsten(0)- and Rhenium(I)-Catalyzed tandem cyclization of acetylenic dienol silyl ethers based on geminal carbo-functionalization of alkynes[J]. Chemistry-A European Journal, 2011, 17(17): 4839-4848.

[27] Kusama H, Narasaka K. Friedel-crafts acylation of arenes catalyzed by bromopentacarbonylrhenium(I)[J]. Bulletin of the Chemical Society of Japan, 1995, 68(8): 2379-2383.

[28] Nishiyama Y, Kakushou F, Sonoda N. Rhenium complexes-catalyzed alkylation of arenes with alkyl halides[J]. Bulletin of the Chemical Society of Japan, 2000, 73(12): 2779-2782.

[29] Kuninobu Y, Matsuki T, Takai K. Rhenium-catalyzed regioselective alkylation of phenols[J]. Journal of the American Chemical Society, 2009, 131(29): 9914-9915.

[30] Dinda S, Drew M G B, Bhattacharyya R. Oxo-rhenium(V)complexes with bidentate phosphine ligands: synthesis, crystal structure and catalytic potentiality in epoxidation of olefins using hydrogen peroxide activated bicarbonate as oxidant[J]. Catalysis Communications, 2009, 10(5): 720-724.

[31] Albert S, Pedro T, Georg R, et al. Oxorhenium(V)complexes with ketiminato ligands: coordination chemistry and epoxidation of cyclooctene[J]. Inorganic Chemistry, 2009, 48(24): 11608-11614.

[32] Yudin, A K, Chiang J P, Adolfsson H, et al. Olefin epoxidation with bis(trimethylsilyl) peroxide catalyzed by inorganic oxorhenium derivatives. controlled release of hydrogen peroxide[J]. The Journal of Organic Chemistry, 2001, 66(13): 4713-4718.

[33] Song X, Lim M H, Mohamed D K B, et al. Re(I)carbonyl complexes containing pyridyl-imine and amine ligands: synthesis, characterization and their catalytic olefin epoxidation activities[J]. Journal of Organometallic Chemistry, 2016, 814: 1-7.

[34] Iulius I E M, Wilhelm A E, Yue S, et al. Activation of hydrogen peroxide by ionic liquids: mechanistic studies and application in the epoxidation of olefins[J]. Chemistry-A European Journal, 2013, 19(19): 5972-5979.

[35] Jens W K, Robert M R, Fritz E K. Molecular epoxidation reactions catalyzed by rhenium, molybdenum, and iron complexes[J]. Chemical Record, 2016, 16(1): 349-364.

[36] Arterburn J B, Nelson S L. Rhenium-catalyzed oxidation of sulfides with phenyl sulfoxide[J]. Journal of Organic Chemistry, 1996, 61(7): 2260-2261.

[37] Patrina P, Nikos P, Spyros K, et al.Catalytic selective oxidation of benzyl alcohols to aldehydes with rhenium complexes[J]. Journal of Molecular Catalysis A: Chemical, 2005, 240(1-2): 27-32.

[38] Gianluca B, Marcello C, Francesco D A. Highly efficient C-H insertion reactions of hydrogen peroxide catalyzed by homogeneous and heterogeneous methyltrioxorhenium systems in ionic liquids[J]. Tetrahedron Letters, 2005, 46(14): 2427-2432.

[39] Herrmann W A, Zoller J P, Fischer R W. The selective catalytic oxidation of terminal alcohols: a novel four-compotent system with MTO as catalyst[J]. Journal of Organic Chemistry, 1999, 579(1-2): 404-407.

[40] Alexandra M J R, Andrea S, Wolfgang A H, et al. Behaviour of dimeric methylrhenium(VI)oxides in the presence of hydrogen peroxide and its consequences for oxidation catalysis[J]. New Journal of Chemistry, 2006, 30(11): 1599-1605.

[41] Brown K N, Espenson J H. Stepwise oxidation of yhiophene and its derivatives by hydrogen peroxide catalyzed by methyltrioxorhenium(VII)[J]. Inorganic Chemistry, 1996, 35(25): 7211-7216.

[42] Wang Y, Espenson J H. Oxidation of symmetric disulfides with hydrogen peroxide catalyzed by methyltrioxorhenium(VII)[J]. Journal of Organic Chemistry, 2000, 65(1): 104-107.

[43] Lahti D W, Espenson J H. Oxidation of sulfoxides by hydrogen peroxide catalyzed by methyltrioxorhenium(VII)[J]. Inorganic Chemistry, 2000, 39(10): 2164-2167.

[44] Sharma V B, Jain S L, Sain B. Methyltrioxorhenium catalyzed aerobic oxidation of organonitrogen compounds[J]. Tetrahedron Letters, 2003, 44(16): 3235-3237.

[45] Soldaini G, Cardona F, Goti A. Catalytic oxidation of imines based on methyltrioxorhenium/urea hydrogen peroxide: a mild and easy chemo- and regioselective entry to nitrones[J]. Organic Letters, 2007, 9(3): 473-476.

[46] Pedro F M, Hirner S, Kühn F E. Catalytic ketone olefination with methyltrioxorhenium[J]. Tetrahedron Letters, 2005, 46(45): 7777-7779.

[47] Bernini R, Mincione E, Cortese M. Conversion of naringenin and hesperetin by heterogeneous catalytic Baeyer-Villiger reaction into lactones exhibiting apoptotic activity[J]. Tetrahedron Letters, 2003, 44(26): 4823-4825.

[48] Gopal S M, Kelly M, Anil K. Highly selective n-alkanes oxidation to ketones with molecular oxygen catalyzed by SBA-15 supported rhenium catalysts[J]. Journal of Industrial and Engineering Chemistry, 2014, 20(4): 2228-2235.

[49] Zhu Z, Al-Ajlouni A A M, Espenson J H. Convenient synthesis of bis(alkoxy)rhenium(VII)complexes[J]. Inorganic Chemistry, 1996, 35(5): 1408-1409.

[50] Zhu Z, Espenson J H. Organic reactions catalyzed by methylrhenium trioxide: dehydration, amination, and disproportionation of alcohols[J]. The Journal of Organic Chemistry, 1996, 61(1): 324-428.

[51] Harris K, Erickson G L, Sikkenga S L, et al. Development of two rhenium- containing superalloys for single- crystal blade and directionally solidified vane applications in advanced turbine engines[J]. Journal of Materials Engineering and Performance, 1993, 2(4): 481-487.

[52] Bruckner U, Epishin A, Link T, et al. The influence of the dendritic structure on the 'y/'y'-lattice misfit in the single-crystal nickel-base superalloy CMSX-4[J]. Materials Science and Engineering A, 1998, 247(1-2): 23-31.

[53] Acharya M V, Fuchs G E. The effect of long-term thermal exposures on the microstructure and properties of CMSX-10 single crystal Ni-base superalloys[J]. Materials Science and Engineering A, 2004, 381(1-2): 143-153.

[54] 东华. 第三代单晶高温合金[J]. 航空制造工程, 1995 (12): 9-11.

[55] 陈晶阳, 赵宾, 冯强, 等. Ru和Cr对镍基单晶高温合金γ/γ′热处理组织演变的影响[J]. 金属学报, 2010, 46(8): 897-906.

[56] Yeh A C, Tin S. Effects of Ru on the high-temperature phase stability of Ni-base single-crystal superalloys[J]. Metallurgical & Materials Transactions A, 2006, 37(9): 2621-2631.

[57] Giamei A F, Anton D L. Rhenium additions to a Ni-base superalloy: effects on microstructure[J]. Metallurgical Transactions A (Physical Metallurgy and Materials, Science), 1985, 16(11): 1997-2005.

[58] Blavette D, Caron P, Khan T. An atom probe investigation of the role of rhenium additions in improving creep

resistance of Ni-base superalloys[J]. Scripta Metallurgica, 1986, 20(10): 1395-1400.

[59] Neubauer C M, Mari D, Dunand D C. Diffusion in the nickel-rhenium system[J]. Scripta Metallurgica et Materialia, 1994, 31(1): 99-104.

[60] Hobbs R A, Zhang L, Rae C M F, et al. Mechanisms of topologically close-packed phase suppression in an experimental ruthenium-bearing single-crystal nickel-base superalloy at 1100[J]. Metallurgical & Materials Transactions A, 2008, 39(5): 1014-1025.

[61] Geach G A, Hughes J E. The alloys of rhenium with molybdenum or with tungsten and having good high-temperature properties[A]. 2nd Plansee Seminar,ed.Benesovsky F,London:Pergamon,1956.

[62] David E J A, Britton T B. Effect of dislocation density on improved radiation hardening resistance of nano-structured tungsten-rhenium[J]. Materials Science & Engineering A, 2014, 611: 388-393.

[63] Jaubert F. Standardization of a ^{186}Re sodium perrhenate radiochemical solution using the TDCR method in liquid scintillation counting[J]. Applied Radiation and Isotopes, 2008, 66(6-7): 960-964.

[64] Urs O H, Roberts W K, Pauer G J, et al. Stability of biodegradable radioactive rhenium (Re-186 and Re-188) microspheres after neutron-activation[J]. Applied Radiation and Isotopes, 2001, 54(6): 869-879.

[65] Joanne P, Fernando C T, Navaratnarajah K, et al. Novel rhenium(V)nitride complexes with dithiocarbimate ligands-a synchrotron X-ray and DFT structural investigation[J]. Inorganica Chimica Acta, 2018, 475(1-2): 142-149.

[66] Hou S, Man K Y K, Chan W K. Nanosized micelles formed by the self-assembly of amphiphilic block copolymers with luminescent rhenium complexes[J]. Langmuir, 2003, 19(6): 2485-2490.

[67] Ritschel M, Leonhardt A, Elefant D, et al. Rhenium-catalyzed growth carbon nanotubes[J]. Journal of Physical Chemistry C, 2007, 111(24): 8414-8417.

[68] Delmore J E, Appelhans A D, Peterson E S. A rare earth oxide matrix for emitting perrhenate anions[J]. International Journal of Mass Spectrometry and Ion Processes, 1995, 146-147: 15-20.

[69] Liu L L, Li S, Liu Y. Anti-friction behavior of lead perrhenate in a broad temperature range[J]. Journal of Inorganic Materials, 2010, 25(11): 1204-1208.

[70] Liu L L, Li S, Liu Y. Anti-friction behaviors of several synthesized perrhenates[J]. Acta Metallurgica Sinica-English Letters, 2010, 46(2): 233-238.